Christoph Hage

Grundlegende Aspekte des 2K-Metallpulverspritzgießens

**Schriftenreihe
des Instituts für Angewandte Materialien**
Band 36

Karlsruher Institut für Technologie (KIT)
Institut für Angewandte Materialien (IAM)

Grundlegende Aspekte des 2K-Metallpulverspritzgießens

von
Christoph Hage

Dissertation, Karlsruher Institut für Technologie (KIT)
Fakultät für Maschinenbau
Tag der mündlichen Prüfung: 02. Oktober 2013

Impressum

 Scientific
Publishing

Karlsruher Institut für Technologie (KIT)
KIT Scientific Publishing
Straße am Forum 2
D-76131 Karlsruhe

KIT Scientific Publishing is a registered trademark of Karlsruhe
Institute of Technology. Reprint using the book cover is not allowed.

www.ksp.kit.edu

Print on Demand 2014

ISSN 2192-9963
ISBN 978-3-7315-0217-3
DOI   10.5445/KSP/1000040997

Grundlegende Aspekte des 2K-Metallpulverspritzgießens

Zur Erlangung des akademischen Grades

Doktor der Ingenieurwissenschaften

der Fakultät für Maschinenbau

Karlsruher Institut für Technologie (KIT)

genehmigte

Dissertation

von

Dipl.-Ing. Christoph Hage

aus Diemelstadt-Neudorf

Tag der mündlichen Prüfung: 02.10.2013

Hauptreferent: Prof. Dr. rer. nat. M. J. Hoffmann

Korreferent: Prof. Dr.-Ing. T. Hanemann

Vorwort

Die vorliegende Arbeit entstand im Zentralbereich Forschung und Vorausentwicklung der Robert Bosch GmbH in Waiblingen und Gerlingen in Zusammenarbeit mit dem Institut für Angewandte Materialien - Keramik im Maschinenbau (IAM-KM) des Karlsruher Instituts für Technologie (KIT).

Mein besonderer Dank gilt Herrn Prof. Dr. Michael J. Hoffmann für die hochschulseitige Betreuung dieser Industriepromotion, den mir gewährten Freiraum sowie die fachlichen Diskussionen und die Unterstützung während der gesamten Promotionszeit. Ebenso danke ich Herrn Dr. Rainer Oberacker für die wertvollen Anregungen und Ratschläge bei der Durchsprache von Zwischenergebnissen.

Weiterhin möchte ich mich bei Herrn Prof. Dr. Thomas Hanemann für das Interesse an dieser Arbeit und die freundliche Übernahme des Korreferates bedanken. Herrn Prof. Dr. Ulrich Maas danke ich für die Übernahme des Vorsitzes der Prüfungskommission.

In besonderem Maße möchte ich mich bei Herrn Dr. Wilfried Aichele für die hervorragende Betreuung bei Bosch vor Ort, sein Engagement bei der Entstehung der Arbeit sowie die sehr geschätzte Teilhabe an seinem Wissen und seiner Erfahrung, auch über diese Arbeit hinaus, bedanken.

Besonders bedanken möchte ich mich ebenfalls bei Herrn Dr. Jochen Rager für den regelmäßigen Gedankenaustausch, die vielseitige Unterstützung und die wertvollen Ratschläge zum Aufbau sowie der Struktur dieser Arbeit.

Mein Dank gilt weiterhin den Herren Dr. Martin Giersbeck, Dr. Carsten Tüchert, Dr. Carsten Weiss und Dr. Peter Barth für die Unterstützung sowie die Möglichkeit, die vorliegende Arbeit in der Forschung und Vorausentwicklung durchführen zu können.

Bei meinen Kollegen der Abteilungen CR/APP in Waiblingen und CR/ARM in Gerlingen bedanke ich mich für die gute Zusammenarbeit, große Hilfsbereitschaft und angenehme Arbeitsatmosphäre.

Hervorheben möchte ich die Herren Dr. Bernd Reinsch, Gaetan Deromeleare, Dr. Andreas Burghardt und Dr. Stephan Frank für die vielen fachlichen Gespräche und Denkanstöße in den Regelbesprechungen.

Des Weiteren gilt mein herzlicher Dank den Herren Armin Uetz, Jürgen Denzinger, Günther Hauf und Egon Hagenlocher für die tatkräftige Unterstützung bei den vielfältigen praktischen Arbeiten im Spritzgießtechnikum. Frau Eva Weisser danke ich für die gute Zusammenarbeit bei der Durchführung der Entbinderung und Sinterung, Frau Ingrid Wührl und Herrn Sven Schnabel für die Durchführung der Gefügeuntersuchungen und die Diskussion der Ergebnisse. Der Abteilung CR/ARA danke ich für die analytischen Untersuchungen, wie Röntgenbeugung und Elementanalytik.

Bei meinen Kollegen aus dem Bosch-Werk in Immenstadt bedanke ich mich für den Austausch zum Thema Metallpulverspritzgießen unter fertigungsrelevanten Aspekten und die Versorgung mit Feedstock für die Versuchsdurchführung.

Weiterhin gilt mein herzlicher Dank Herrn Dr. Bernhard Hochstein vom Institut für Mechanische Verfahrenstechnik und Mechanik am KIT für die Unterstützung bei den vielfältigen rheologischen Messungen, die Diskussion deren Ergebnisse und wertvollen Anregungen.

Bei Frau Judit Pereira Monteiro und Herrn Leon Jampolski bedanke ich mich für die Unterstützung bei der Bearbeitung von Teilfragestellungen im Rahmen einer Werksstudententätigkeit bzw. Diplomarbeit.

Mein Dank gilt auch Martin Volkmann sowie Martin Schweinsberg für das Engagement bei der Durchsicht des Manuskripts und den Korrekturarbeiten.

Abschließend bedanke ich mich sehr herzlich bei meiner Frau und meiner Familie, die mich während der gesamten Promotionszeit liebevoll unterstützt haben und auf die ich sehr stolz bin.

Inhaltsverzeichnis

1 Einleitung

Das Metallpulverspritzgießen (Metal Injection Molding, MIM) ist eine Fertigungstechnologie zur wirtschaftlichen Herstellung kleiner und komplexer metallischer Bauteile. Es ermöglicht die Produktion endkonturnaher Formteile in großen Stückzahlen mit den Freiheiten der Formgebung des Kunststoffspritzgusses und der Legierungsvielfalt der Metalle. Die MIM-Technologie wurde in den 1970er und 1980er Jahren entwickelt. Heute ist sie für die Fertigung von anspruchsvollen Bauteilen bei vielen Unternehmen etabliert. Maßnahmen zur Weiterentwicklung der Technologie beziehen sich heute meist auf die Verringerung von Toleranzen zur Vermeidung von Nacharbeit, einer erhöhten Prozesssicherheit und einer Verkürzung der Produktionszeit [1][2][3].

Da in vielen Anwendungsfällen multifunktionale Bauteile benötigt werden, erlangt derzeit das Zweikomponenten-Metallpulverspritzgießen (2K-MIM), das die Kombination von lokal unterschiedlichen Werkstoffen in einem Bauteil ermöglicht, zunehmendes Interesse [4]. Neben Kosteneinsparungen bei der Fertigung von Verbundbauteilen durch den Wegfall von Fügeprozessen lassen sich Funktionen direkt in metallische Komponenten integrieren [5]. Denkbar sind die Herstellung von Funktionsteilen durch die Kombination unterschiedlicher Materialeigenschaften wie magnetisch/nichtmagnetisch, hart/weich, oder hoch/gering wärmeleitfähig [6]. So können beispielsweise Bereiche eines Bauteils, die einer erhöhten mechanischen Beanspruchung ausgesetzt sind, durch Verwendung eines härteren Metalls verstärkt werden. Ein weiteres Anwendungsbeispiel für ein Verbundbauteil mittels 2K-MIM ist ein Magnetventil, bei dem sich durch eine magnetische Trennung die Schaltdynamik verbessern lässt [7].

Wesentliche Voraussetzungen für die Kombination zweier Materialien zu einem möglichst spannungsarmen, rissfreien und festen Verbundbauteil sind ähnliche Sintertemperaturen, Sintergeschwindigkeiten und ein vergleichbarer temperaturabhängiger Sinterschrumpf. Die Charakterisierung des Sinterverhaltens der ausgewählten Werkstoffe erfolgt einzeln und vorausgehend im Sinterdilatometer. In den meisten Fällen unterscheidet sich zunächst das Sinterverhalten der zu kombinierenden Werkstoffe, so dass eine Anpassung der Feedstocks erforderlich ist.

Werden zur Anpassung des Sinterverhaltens die Partikelgrößenverteilung und Pulverbeladung genutzt, muss untersucht werden, ob eine Änderung dieser Einflussgrößen zu einem veränderten Fließverhalten beim Spritzgießen führt. Durch eine Erhöhung des Metallpulveranteils im Feedstock oder durch Einsatz einer feineren Partikelgrößenverteilung kann sich beispielsweise die Viskosität des Materials beim Spritzgießen erhöhen [8]. Das wiederum kann eine erneute aufwendige Abstimmung der Spritzgießparameter erfordern, um eine gute Qualität des Grünteils beizubehalten. Des Weiteren ist unklar, ob sich die Änderung der Partikelgrößenverteilung auf die Lage der Partikel im Grünteil beim Spritzgießen auswirkt. Entmischungen zwischen Partikeln und Bindersystem an der Grenzfläche, das heißt dem Kontaktbereich der beiden Komponenten, können nach dem Sintern zu einer Abminderung der Verbundfestigkeit führen.

In der vorliegenden Arbeit wird der Einfluss der Partikelgrößenverteilung auf das Sinterverhalten sowie das Fließverhalten beim Spritzgießen zusammenhängend betrachtet.

Für die Untersuchung des Einflusses der Partikelgrößenverteilung auf das Sinterverhalten werden Proben mit verschiedenen Partikelgrößenverteilungen des hochlegierten Stahls X65Cr13 bei drei Heizraten im Sinterdilatometer charakterisiert. Es soll festgestellt werden, wie einzelne Verteilungskennwerte (mittlere Partikelgröße x_{50} und Verteilungsbreite σ) das Sinterverhalten beeinflussen und sich für die Anpassung des Sinterverhaltens nutzen lassen. Da die Sinterdilatometrie ein sehr zeitaufwändiges und damit teures Verfahren darstellt, ist es in der Praxis von großem Interesse, aus einer möglichst geringen Anzahl an Messungen möglichst viele Informationen zum Materialverhalten zu erhalten. Deshalb ist es Ziel dieser Arbeit, das Sinterverhalten für beliebige Heizraten und Partikelgrößenverteilungen aus nur wenigen vorausgehenden Experimenten vorhersagen zu können.

Aufgrund des Zusammenhangs zwischen der Änderung der Partikelgrößenverteilung zur Beeinflussung des Sinterverhaltens und dessen Auswirkungen auf das Fließverhalten bildet die rheologische Charakterisierung von Feedstocks bei unterschiedlichen Partikelgrößenverteilungen einen weiteren Schwerpunkt der Arbeit. Diese umfasst die Untersuchung des Einflusses der mittleren Partikelgröße x_{50} und der Verteilungsbreite σ sowohl in Rheometern als auch im Spritzgießwerkzeug. Dabei ist zu beachten, dass Feedstocks wandgleitendes Verhalten aufweisen können. Ohne Berücksichtigung des Wandgleitens sind rheologische Messungen nicht auf andere Geometrien übertragbar. Da bestehende Wandgleitmodelle das Gleitverhalten von Feedstocks nicht ausreichend beschreiben, wird in der Arbeit ein neuer Ansatz aufgezeigt und durch Messungen verifiziert. Der Frage nach Entmischungen von Partikeln und Bindersystem beim Spritzgießen an der Grenzfläche wird anhand von rasterelektronenmikroskopischen Untersuchungen eines ionenstrahlpräparierten Grünteils nachgegangen.

2 Grundlagen

Im diesem Kapitel werden die für das Verständnis der Arbeit erforderlichen Grundlagen erläutert. In Abschnitt 2.1 wird zunächst das Metallpulverspritzgießen anhand der Prozesskette des Verfahrens erklärt.

Abschnitt 2.2 widmet sich den mit dem Zweikomponenten-Metallpulverspritzgießen einhergehenden Herausforderungen, insbesondere in den Prozessschritten Spritzgießen und Co-Sintern. Zudem werden bereits veröffentlichte Arbeiten zum Thema Mehrkomponenten-Pulverspritzgießen aufgegriffen und verschiedene Möglichkeiten zur Beeinflussung von Sinterverhalten genannt.

Als Stellgröße zur Beeinflussung des Sinterverhaltens werden in dieser Arbeit verschiedene Partikelgrößenverteilungen untersucht, die zuvor über eine Partikelgrößenanalyse bestimmt werden müssen. In Abschnitt 2.3 wird daher erklärt, wie Partikelgrößenverteilungen allgemein dargestellt werden, mit welchen Kenngrößen und Funktionen sie sich beschreiben lassen und wie sie gemessen werden.

In Abschnitt 2.4 werden die Grundlagen des Sinterns behandelt und mit der Master-Sinter-Kurve und dem Kinetic Field Ansatz zwei Modelle zur Beschreibung und Vorhersage von Sinterverhalten vorgestellt.

Abschnitt 2.5 befasst sich zunächst allgemein mit rheologischen Grundgrößen sowie dem Scherfließen und Strömungsvorgängen. Da es sich bei Feedstocks um hochgefüllte Suspensionen handelt und Suspensionen zu Wandgleiten neigen, wird im weiteren Verlauf des Abschnitts auf die Rheologie von Suspensionen und auf das Gleitverhalten eingegangen.

2.1 Metallpulverspritzgießen

Die Herstellung von MIM-Teilen stellt eine Kette von Einzelprozessen (Abbildung 2.1) dar. Sinterfähige Pulver eines für den jeweiligen Anwendungsfall geeigneten Metalls werden mit einem Bindersystem (Thermoplast und Wachs) compoundiert bzw. zu einem spritzgießfähigen Feedstock aufbereitet. Die Formgebung erfolgt durch Spritzgießen der granulierten Feedstocks. Ein anschließender Entbinderungsprozess entfernt den Binderanteil aus dem spritzgegossenem Teil (Grünteil). Die Binderkomponenten stellen ein notwendiges Hilfsmittel zur Formgebung dar und müssen vor dem Sinterprozess wieder weitgehend aus dem Bauteil entfernt werden. Aus diesem Grund folgt auf das Spritzgießen die Entbinderung. Der verwendete Binder auf Basis eines Wachses und eines Thermoplasten wird zweistufig entbindert. Im ersten Schritt, dem Lösemittelentbindern (Teilentbindern), wird die Wachskomponente durch Lösungsmittelextraktion entfernt, so dass eine offene Porosität entsteht. Diese ermöglicht im zweiten Schritt, dem thermischen Entbindern, das Entweichen der bei der Pyrolyse der Polymerkomponente entstehenden Gase. Über einen Sinterprozess wird das Pulver zu einem metallischen Bauteil kompaktiert. Dabei schwindet das entbinderte Metallpulvergerüst istotrop. Bezüglich ausführlicherer Informationen zu den einzelnen Prozessschritten des Metallpulverspritzgießens sowie zu Möglichkeiten und Grenzen des Verfahrens sei auf die einschlägige Literatur verwiesen [1][9][10][11][12][13].

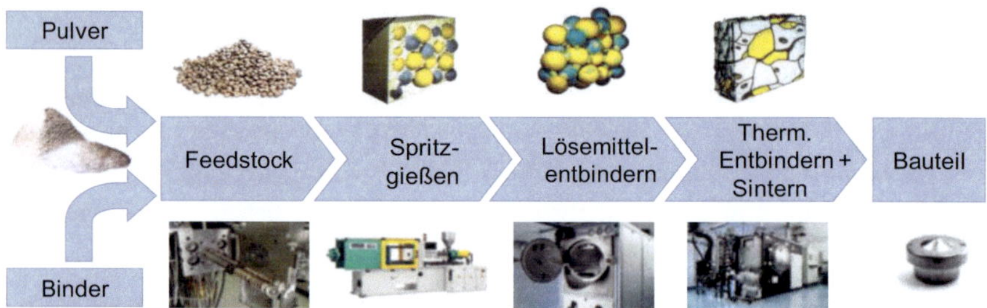

Abbildung 2.1: Prozesskette des Metallpulverspritzgießens mit schematischen Abbildungen der MiMtechnik GmbH [14] und Fotos der Robert Bosch GmbH [15]

2.2 Zweikomponenten-Metallpulverspritzgießen

2.2.1 Spritzgießen

Das Zweikomponenten-Spritzgießen hat seinen Ursprung in der Kunststofftechnik und ist seit den 60er Jahren im industriellen Einsatz [16]. Die Formgebung und das Fügen zweier Werkstoffe werden in einem Fertigungsschritt vereint, so dass sich auf diese Weise Bauteile mit zusätzlichen Eigenschaften herstellen lassen [17].

Die 2K-Technologie bietet auch für den Metallpulverspritzguss ein großes Potenzial. Den beschriebenen Vorteilen und Anwendungsmöglichkeiten der 2K-MIM-Technologie stehen allerdings Herausforderungen und Schwierigkeiten gegenüber, die beim 2K-Spritzgießen von Kunststoffen nicht auftreten.

Zu beachten ist die hohe thermische Leitfähigkeit des Feedstocks (aufgrund des hohen Metallgehalts) und das damit verbundene schnelle Abkühlen und Erstarren der Formmassen beim Einspritzen, was die Ausbildung eines haftfesten Verbundes der Materialien erschweren kann. Insbesondere das Aufeinandertreffen der Masseströme beim Einspritzen wirkt sich auf die Eigenschaften, aber auch auf die Lage der Grenzfläche aus. Bei vielen Bauteilen kommt es neben einer ausreichenden Grenzflächenfestigkeit besonders auf einen präzisen (scharfen) Eigenschaftsübergang an der Grenzfläche an [6].

Entmischungen

Durch den mehrkomponentigen Charakter der Formmassen können Entmischungseffekte während des Einspritzvorganges auftreten, die einen wesentlichen Einfluss auf die Qualität des Grünteils und damit auf die dimensionellen und mechanischen Eigenschaften des fertigen Bauteils haben können [18][19].

Um ein zu starkes Abkühlen des Feedstocks vor Abschluss des Formfüllvorgangs zu vermeiden, müssen die Einspritzgeschwindigkeiten beim Pulverspritzguss sehr hoch gewählt werden. Damit verbunden sind hohe Scherraten beim Spritzgießen, die zu Entmischungen von Partikeln und den Binderkomponenten führen können [20]. Neben hohen Einspritzgeschwindigkeiten führen hohe Masse- und Werkzeugtemperaturen zu einem Anstieg der Entmischungsneigung [21]. Bei instabilen Suspensionen können Turbulenzen an Umlenkstellen oder auf den Schmelzestrom wirkende Zentrifugalkräfte zu Entmischungen führen [22].

Heldele [23] beobachtet für einen hochgefüllten MIM-Feedstock (65 Vol.-%) Entmischungen auf einer Tribologiescheibe rund um den Punktanguss, da in diesem Bereich während der Formfüllung die höchsten Scherraten auftreten.

In einer Arbeit von Gornik [24] werden Entmischungen am Fließwegende von überspritzten Teilen festgestellt. Weber et al. [18] konnten Pulver-Binder Separationen an pulverspritzgegossenen Mikrobauteilen bei hohen Scherraten während der Formfüllung durch Synchrotron-Computertomographie darstellen und über eine anschließende Bildauswertung quantitativ verifizieren. Dabei konnte ebenfalls eine Separation entlang des Fließweges beobachtet werden.

Neben unregelmäßigem Sinterschwund durch lokal unterschiedliche Bindergehalte, sind Entmischungen bei Mehrkomponenten-Bauteilen an der Grenzfläche als besonders kritisch zu beurteilen. Liegt im Grenzflächenbereich eine Verarmung an Pulverpartikeln vor, kann sich durch das Bindersystem zwar eine gute Haftung der Komponenten nach dem Spritzgießen ergeben, aber im abschließenden Sinterprozess führt der Mangel an Partikeln zu einer Schwächung des Verbundbauteils [25]. Um die Gefahr einer Entmischung von Füllstoff und Binder zu reduzieren, ist eine homogene Verteilung des Pulvers im Feedstock schon bei der Compoundierung eine notwendige Voraussetzung [26].

Rheologische Charakterisierung von Feedstocks im Spritzgießwerkzeug

Zur Simulation des Zweikomponenten-Spritzgießprozesses ist es notwendig, das Fließverhalten des Feedstocks messen und eindeutig beschreiben zu können. Üblicherweise erfolgt die Messung des Fließverhaltens von Feedstocks im spritzgießrelevanten Scherratenbereich im Hochdruckkapillarrheometer. Um die rheologische Charakterisierung einer Masse nach den für den Spritzgießprozess typischen thermorheologischen Vorgeschichte zu ermöglichen und somit möglichst praxisnahe rheologische Daten für die Simulation zu erhalten, wird in Arbeiten von Maikisch [27], Gornik [28][29], Jüttner [30] und Friesenbichler et al. [31] eine Materialcharakterisierung direkt im Spritzgießprozess vorgeschlagen.

Zur Ermittlung von Viskositäten im Spritzgießwerkzeug müssen, analog zur Kapillarrheometrie, vorab Schubspannungen und Schergeschwindigkeiten ermittelt werden. Die Schubspannungen während des Einspritzvorgangs ergeben sich aus Druckverläufen, die im Spritzgießwerkzeug über Druckaufnehmer an verschiedenen Positionen gemessen werden. Die (scheinbare) Schergeschwindigkeit lässt sich über den Einspritzvolumenstrom berechnen [27].

Gornik [28][29] weist daraufhin, dass sich die Daten aus konventionellen Kapillar-Rheometern von Messungen im realen Zustand beim Spritzgießen unterscheiden. In Rheometern wird der Feedstock durch Wärmeleitung nur aufgeschmolzen, aber es wird der Masse vor der eigentlichen Messung keine Scherung aufgeprägt. Die Plastifizierschnecke verstärkt im Idealfall die Homogenisierung, wodurch gewöhnlich die Viskosität sinkt [28].

Jüttner [30] und Friesenbichler et al. [31] stellen jeweils ein spezielles Spritzgießmaschinenrheometer vor. Neben einer Standard-Spritzgießmaschine sind ein rheologisches Spritzgießwerkzeug, ein Messdatenerfassungsgerät und eine Auswertesoftware Bestandteil des Rheometers. Das Werkzeug lässt sich bis auf Schmelzetemperatur aufheizen. Zur Viskositätsmessung in einem weiten Schergeschwindigkeitsbereich ist bei Friesenbichler [31] die düsenseitige Werkzeughälfte mit konischen Schlitzdüsen-Wechseleinsätzen ausgestattet.

Wandgleiten

Da es sich bei MIM-Feedstocks um hochkonzentrierte Suspensionen mit Dispergatorzusätzen handelt, verhalten sie sich im Rheometer oder beim Spritzgießen nicht vergleichbar mit handelsüblichen, gefüllten Thermoplasten. Die zumindest bei ungefüllten Thermoplasten erfüllte Randbedingung der Wandhaftung der Schmelze ist für die meisten konzentrierten Suspensionen nicht zutreffend, das heißt die Geschwindigkeiten der Schmelzeströme an der Wand sind von null verschieden. Die

Folge sind Wandgleiteffekte [32], die zu berücksichtigen sind. Ausführlichere Informationen zu Suspensionen und Wandgleiten sind in den Kapiteln 2.5.4 bzw. 2.5.5 zu finden.

2.2.2 Co-Sintern

Die Herstellung haftfester Verbundbauteile ist in der Kunststofftechnik nach dem Spritzgießen abgeschlossen. Beim Metallpulverspritzguss durchläuft das Verbundbauteil nach dem Spritzgießen die Prozessschritte Entbindern und Sintern. Als besonders kritisch ist dabei der Sinterprozess anzusehen. Da die Versinterung der gepaarten Pulverwerkstoffe unter gleicher Temperatur und Ofenatmosphäre stattfindet, ist es unerlässlich, dass beide Werkstoffe eine vergleichbare Sintertemperatur aufweisen. Zudem ist für die thermische Wechselbeständigkeit entscheidend, dass die thermischen Ausdehnungskoeffizienten in etwa gleich groß sind [33]. Weisen die beiden verwendeten Werkstoffe kein ähnliches Sinter- und Wärmeausdehnungsverhalten auf, kann es zu Spannungen und Rissen im Verbundbauteil kommen [34][35][36]. Die Art des Versagens hängt auch von der Verbundgeometrie ab. Bei Schichtverbundproben tritt vor allem Verzug auf. Handelt es sich um eine Stoßverbindung oder um ein zylindrisches Teil, welches mit einem weiteren Material umspritzt ist, so treten bevorzugt Risse entlang der Grenzfläche auf [37][38].

Möglichkeiten zur Beeinflussung des Sinterverhaltens

Um die Kinetik des Sinterns zu beeinflussen, werden von German [39] und Kaysser [40] eine Reihe von Möglichkeiten genannt. Die Sinterparameter lassen sich demnach über die Partikelgrößenverteilung, die Pulverbeladung (Füllgrad), die chemische Zusammensetzung bzw. den Zusatz von Legierungselementen, das Temperatur-Zeit-Profil und die Sinteratmosphäre aneinander anpassen, wodurch unterschiedliche Werkstoffkombinationen realisierbar sind. Verschiedenen Autoren [3][35][38][41] haben sich mit der Anpassung von Feedstocks für ein möglichst spannungsarmes und rissfreies Co-Sintern von Werkstoffen beschäftigt.

Imgrund [3] zeigte, dass durch Wahl geeigneter Prozessparameter intakte Werkstoffkombinationen 316L/17-4PH und 316L/Eisen herstellbar sind. Dabei hatte unter anderem neben der Sintertemperatur auch die Heizrate entscheidenen Einfluss auf die Möglichkeit der Herstellung rissfreier Verbunde. Die erfolgreiche Kombination der beiden festphasensinternden Edelstähle 316L und 17-4PH wurde ebenfalls von Pest [38] gezeigt. Nach Pest [38] kann ein annähernd übereinstimmendes Sinterverhalten von Verbundpartnern nur erreicht werden, wenn die Verdichtung aller Werkstoffe eines Verbundes nach dem gleichen Sintermechanismus ablaufen, das heißt entweder Fest- oder Flüssigphasensintern. Beruht die Verdichtung der beiden Materialien auf unterschiedlichen Sintermechanismen, so sind diese über Werkstoffmodifikationen in ein einheitlich sinterndes System zu überführen. Durch Kugelmahlen des flüssigphasensinternden Werkzeugstahls M4 und durch Dotieren der festphasensinternden Eisen-Nickel-Legierung mit Bor konnte Pest [38][42] das Sinterverhalten der beiden Werkstoffe aufeinander abstimmen.

Eine Modifikation der chemischen Zusammensetzung ist aber häufig nicht zulässig, da sich mit der Zusammensetzung die Materialeigenschaften, wie beispielsweise Magnetisierbarkeit oder Korrosionsbeständigkeit, ändern können.

In einer Arbeit von Miura et al. [35] wurde das Sinterverhalten über die Atmosphäre und die Partikelgröße beeinflusst. Es wird darin berichtet. dass das Sintern von 316L und Carbonyleisen unter Wasserstoff aufgrund unterschiedlicher Sinterstarttemperaturen zu deutlichen Abweichungen im Schwindungsverhalten führte. Durch die Verwendung einer feineren Partikelgrößenverteilung und Sintern unter Vakuum statt Wasserstoff konnte die Sinterstarttemperatur von 316L abgesenkt werden und somit das Sinterverhalten der beiden Materialien angenähert werden.

Mulser et al. [41] untersuchten mittels Dilatometrie das Sinterverhalten von Feedstocks der rostfreien Stähle 430 und 314 bei jeweils vier unterschiedlichen Partikelgrößen (x_{90} = 7 µm, 16 µm, 32 µm und 45 µm). Auf Basis der Dilatometermessungen bei den unterschiedlichen Partikelgrößen konnten Feedstockkombinationen der beiden Stähle ausgewählt werden, die sich im Sinterverhalten nur geringfügig unterschieden. Das Co-Sintern der kombinierten Feedstocks zeigte, dass geringe Differenzen zu Sinterbeginn (verschiedene Sinterstarttemperaturen) und im Sinterintensivstadium (unterschiedliche Temperaturen bei der maximalen Schwindungsrate) für einen rissfreien Verbund toleriert werden können.

2.3   Partikelgrößenverteilungen

2.3.1   Allgemeine Darstellung

Für die Darstellung einer Partikelgrößenverteilung werden die Mengenanteile von Partikeln einer bestimmten Partikelgröße bzw. eines bestimmten Partikelgrößenintervalls aufgetragen. Die Menge der Partikel kann durch unterschiedliche Mengenarten beschrieben werden. Werden die Partikel bei dem zur Analyse verwendeten Messverfahren gezählt, so ist die Anzahl die Mengenart, werden die Partikel gewogen, so ist es die Masse. Weitere Mengenarten basieren auf Längen bzw. Projektions- und Oberflächen. In Tabelle 2.1 sind die verschiedenen Mengenarten und ihre Kennzeichnung mit dem Index „*r*" zusammengefasst. Die Volumenanteile entsprechen den Massenanteilen, wenn die Stoffdichte der Partikel identisch ist [43][44].

Tabelle 2.1:   Unterscheidung und Kennzeichnung der Mengenarten [44]

Messverfahren	Mengenart	Dimension	Index
Zählen	Anzahl	L^0	$r = 0$
	Länge	L^1	$r = 1$
Extinktionsverfahren	Fläche	L^2	$r = 2$
Wiegen	Masse, Volumen	L^3	$r = 3$

In dieser Arbeit wird die Partikelgrößenverteilung durch die Mengenart Volumen bzw. Masse beschrieben (Index $r = 3$). Die Beziehungen zur Umrechnung der Mengenarten untereinander können [43] entnommen werden.

Durch ein Histogramm lassen sich die Messwerte einer Partikelgrößenanalyse, wie in Abbildung 2.2 gezeigt, anschaulich darstellen.

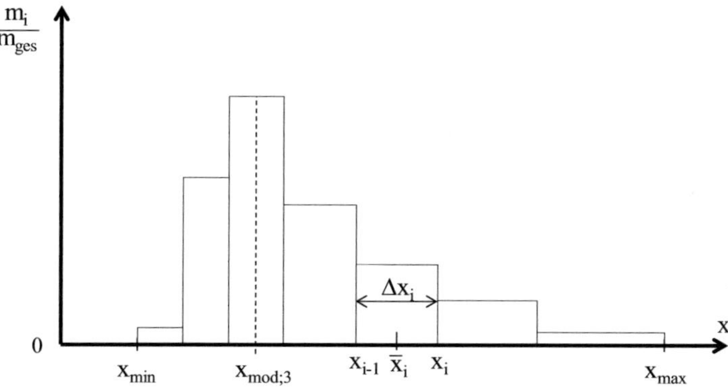

Abbildung 2.2: Histogramm einer Partikelgrößenverteilung

Auf der Abzisse des Histogramms ist die Zuordnung der Partikelgrößen x zu Partikelklassen i mit der Klassenbreite Δx_i aufgetragen.

$$\Delta x_i = x_i - x_{i-1} \qquad (2.1)$$

Kennzeichnend für eine Partikelklasse ist neben ihrer Breite Δx_i auch das arithmetische Mittel.

$$\bar{x}_i = \frac{x_i + x_{i-1}}{2} \tag{2.2}$$

Auf der Ordinate des Histogramms wird die relative Häufigkeit aufgetragen, die sich aus der Partikelmenge m_i in der Partikelklasse i im Verhältnis zur Gesamtmenge m_{ges} ergibt.

$$\frac{m_i}{m_{ges}} \tag{2.3}$$

Durch Division der relativen Häufigkeit durch die jeweilige Klassenbreite Δx_i lässt sich die Verteilungsdichte $q_{3,i}$ (diskrete Dichteverteilung) berechnen.

$$q_{3,i}(\bar{x}_i) = \frac{m_i}{m_{ges} \cdot \Delta x_i} \tag{2.4}$$

Der Anteil an der Gesamtmenge, der unterhalb einer bestimmten Partikelgröße x liegt, stellt die Verteilungssumme $Q_3(x_i)$ dar.

$$Q_3(x_i) = \frac{\sum_{x_{min}}^{x_i} m_i}{m_{ges}} = \sum_{x_{min}}^{x_i} q_{3,i} \cdot \Delta x_i \tag{2.5}$$

Somit lässt sich die Verteilungsdichtefunktion $q_{3,i}$ aus der Verteilungssumme wie folgt berechnen.

$$q_{3,i}(\bar{x}_i) = \frac{Q_3(x_i) - Q_3(x_{i-1})}{\Delta x_i} = \frac{\Delta Q_3(x_i)}{\Delta x_i} \tag{2.6}$$

Approximiert man die Verteilungssumme $Q_3(x_i)$ durch eine stetig differenzierbare Funktion $Q_3(x)$, so geht der Differenzenquotient in Gleichung (2.6) in einen Differentialquotienten über und die diskrete Verteilungsdichte $q_{3,i}(\bar{x}_i)$ in eine kontinuierliche Verteilungsdichte $q_3(x)$.

$$q_3(x) = \frac{dQ_3(x)}{dx} \tag{2.7}$$

Für die kontinuierliche Verteilungssumme gilt entsprechend.

$$Q_3(x) = \int_{x_{min}}^{x} q_3(x)dx \qquad (2.8)$$

Die Verteilungsdichte $q_3(x)$ ist somit die erste Ableitung der Verteilungssummenfunktion $Q_3(x)$ an der Stelle x. Umgekehrt erhält man die Verteilungssumme $Q_3(x)$ durch Integration über die Verteilungsdichtefunktion $q_3(x)$ im Bereich von x_{min} bis x.

Für die Verteilungsdichtefunktion $q_3(x)$ gilt die Normierungsbedingung.

$$\int_{x_{min}}^{x_{max}} q_3(x)dx = Q_3(x_{max}) = 1 \qquad (2.9)$$

Abbildung 2.3 veranschaulicht die Zusammenhänge zwischen der Verteilungssumme und der Verteilungsdichte.

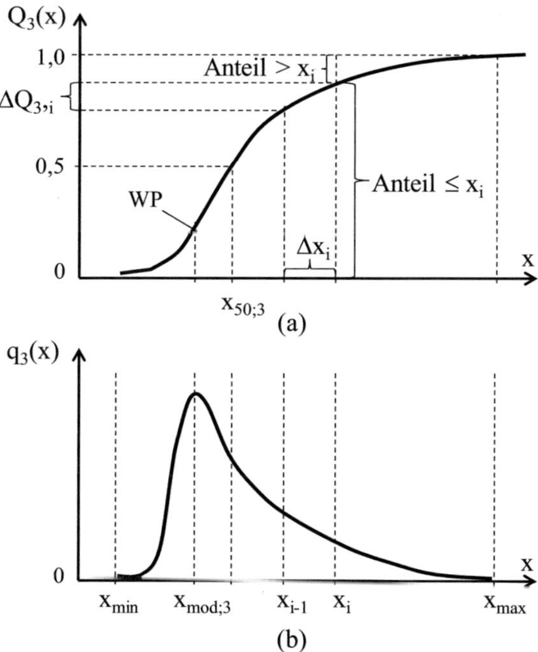

Abbildung 2.3: Stetige Darstellung von Partikelgrößenverteilungen (a) Verteilungssumme (b) Verteilungsdichte nach [43]

2.3.2   Verteilungsparameter und spezielle Kenngrößen

Zur Charakterisierung der *Lage der gemessenen Verteilungen* können die Parameter Medianwert $x_{50,r}$ und Modalwert $x_{mod,r}$ angegeben werden [44]. Der Medianwert (mittlere Partikelgröße) beschreibt die Partikelgröße, bei der gilt, dass 50 % des Partikelkollektivs kleiner bzw. größer sind. Die Mengenart „*r*" muss angegeben werden. Der Modalwert kennzeichnet die Partikelgröße, bei der die Verteilungsdichte ein Maximum hat und stellt somit die am häufigsten vorkommende Partikelgröße entsprechend der angegebenen Mengenart dar. Bei bimodalen oder multimodalen Verteilungen liegen entsprechend viele Maxima vor. Zu beachten ist, dass diese beiden aus der Verteilungssumme und -dichte abgeleiteten Kennwerte nichts über deren Verlauf aussagen.

Für eine Angabe über die *Breite der Verteilung* sind die Wertepaare x_{05}; x_{95} oder die Standardabweichung σ geeignet [44]. Die Wertepaare x_{05}; x_{95} lassen sich direkt aus der Verteilungssumme $Q_3(x)$ ablesen. Die Standardabweichung σ berechnet sich aus dem Medianwert x_{50} und dem charakteristischen Wert x_{16} bzw. x_{84} entsprechend.

$$\sigma = \ln\frac{x_{50}}{x_{16}} = \ln\frac{x_{84}}{x_{50}} \qquad (2.10)$$

Die Partikeloberfläche spielt beim Sintern oder auch bei der Rheologie von Suspensionen eine wichtige Rolle [43]. Als spezifische Oberfläche S_V bezeichnet man den Quotienten aus Oberfläche S und Volumen V eines Partikelkollektivs.

Die Berechnung der *volumenspezifischen Oberfläche* S_V erfolgt bei gegebener Volumen- oder Massenverteilung $Q_3(x)$ über folgende Gleichung.

$$S_V = \frac{6f}{x_{50,3}} \cdot \exp\left(\frac{\sigma^2}{2}\right) \qquad (2.11)$$

Hierbei ist f ein Formfaktor, der für ideal kugelförmige Partikel den Wert $f = 6$ annimmt.

Für die *massenspezifische Oberfläche* S_M gilt,

$$S_M = \frac{S_V}{\rho_S} \qquad (2.12)$$

wobei ρ_S der Dichte der gesamten Dispersion entspricht [44]. Die Auswertesoftware der Gerätehersteller gibt meist die massenspezifische Oberfläche aus.

2.3.3 Logarithmische Normalverteilung

Gemessene Partikelgrößenverteilungen liegen zunächst als Wertepaare (m_i/m_{ges}; Δx_i) oder ($q_{r,i}$; x_i) bzw. ($Q_{r,i}$; x_i) vor. Die graphische Auftragung liefern Histogramme oder Diagramme mit dem Verteilungsdichte- bzw. Verteilungssummenverlauf. Eine Approximation der experimentell ermittlelten Verteilung ist über empirische Verteilungsfunktionen möglich. Diese enthalten einen Lageparameter, wie zum Beispiel den Medianwert und einen Streuparamater wie die Standardabweichung, der den Größenbereich des Partikelkollektivs charakterisiert. Die in dieser Arbeit zur Anpassung der Messwerte verwendete Approximationsfunktion ist die logarithmische Normalverteilungsfunktion (LNV) (DIN 66144, ISO 9276-5), die sich aus der linearen Gaußschen Normalverteilung (NV) ableitet [43]. Dabei ist nicht die Variable x selbst normalverteilt, sondern ihr Logarithmus. Die Dichtefunktion der logarithmischen Normalverteilung $q_3(x)$ ist wie folgt definiert:

$$q_3(x) = \frac{1}{\sigma \cdot \sqrt{2\pi}} \cdot \frac{1}{x} \cdot \exp\left[-\frac{1}{2}\left(\frac{\ln(x/x_{50,3})}{\sigma}\right)^2\right] \qquad (2.13)$$

Die Standardabweichung (Verteilungsbreite) ist der Abstand der Wendepunkte von der mittleren Partikelgröße. Sie stellt ein Maß für die Verteilungsbreite dar. Die Parameter Medianwert $x_{50,3}$ und Standardabweichung σ sind durch Ausgleichsrechnung aus den gemessenen Dichteverteilungen $q_{3,i}(\bar{x}_i)$ zu ermitteln [43].

Die logarithmische Normalfunktion wird neben der Charakterisierung der Partikelgrößenverteilungen der Ausgangspulver auch dazu genutzt, um vorgegebene Partikelgrößenverteilungen mit frei wählbaren Medianwerten x_{50} und Verteilungsbreiten σ zu berechnen und aus mehreren Pulververteilungen abzumischen. Die dazu benötigten prozentualen Anteile der Ausgangsfraktionen werden durch Regressionsrechnung ermittelt.

2.3.4 Partikelgrößenanalyse durch Laserbeugung

Die Bestimmung der Größenverteilung von Partikelkollektiven kann durch Laserbeugung erfolgen. Dabei trifft ein monochromatischer Laserstrahl auf einen Strom mit dispergierten Partikeln in einem Kanal. Durch Lichtbeugung an den Partikeln entsteht in der Brennebene einer nachgeschalteten Linse jeweils ein Beugungsspektrum mit mehreren Intensitätsmaxima und -minima, wie in Abbildung 2.4 gezeigt ist. Ein Partikel mit einem großen Durchmesser beugt den Laserstrahl nur wenig, d.h. in einem kleinen Winkel. Hingegen müssen die Lichtspektren der kleinen Partikel von lichtempfindlichen Detektoren in größeren Winkeln gegenüber dem Laserstrahl aufgenommen werden [45]. Das Beugungsspektrum ist unabhängig von der Geschwindigkeit und der Lage der Partikel im Messvolumen.

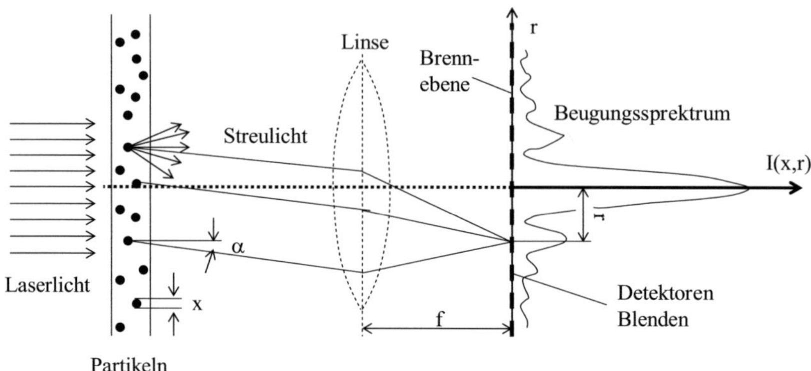

Abbildung 2.4: Prinzip der Laserbeugung an einer Partikelfraktion nach [43]

Messgeräte zur Partikelgrößenanalyse, die auf dem Laserbeugungsverfahren beruhen, erfassen das Beugungsspektrum mit ringförmigen Detektoren in der Brennebene einer Optik. Unterschiede gibt es in der geometrischen Anordnung der Detektoren und damit in der gleichzeitigen Erfassung des Spektrums aus verschiedenen Streuwinkeln, den mathematischen Methoden zur Signalauswertung und in der zugrundegelegten Lichtstreuungstheorie (Fraunhofer und/oder Mie-Beugung). In dieser Arbeit wurde die Fraunhofer Beugung verwendet. Der erfassbare Partikelgrößenbereich erstreckt sich von ca. 0,1 µm bis ca. 3 mm, wobei einige Geräte besonders im Bereich feinerer Partikel noch andere physikalische Effekte (z.B. Polarisationsänderung) ausnutzen. Ohne Probenvorbereitung dauert eine komplette Partikelgrößenanalyse nur wenige Sekunden, so dass auch Online-Messungen möglich sind [43].

2.4   Sintern

Unter Sintern versteht man ein Wärmebehandlungsverfahren, welches zu einer Verdichtung eines Pulverhaufwerks ohne Einwirkung äußerer Kräfte führt, wie auch die Gesamtheit der physikalischen Vorgänge, die eine mehr oder weniger vollständige Auffüllung des Porenraums mit Materie bewirken [46].

2.4.1   Grundlagen des Sinterns

Die treibende Kraft des ohne äußere Krafteinwirkung verlaufenden Sintervorgangs ist die Differenz der freien Energien zwischen Ausgangs- und Endzustand. Dieser Differenzausgleich erfolgt bei homogenen Pulvern durch die Reduzierung aller äußeren und inneren Oberflächen sowie durch Abbau von Strukturdefekten. Hierzu findet beim Sintern ein Materialtransport statt, für den je nach Art und Zustand des dispersen Systems unterschiedliche Transportmechanismen verantwortlich sind [46][47]. Entsprechend den unterschiedlichen Diffusionswegen wird in Oberflächen-, Grenzflächen- und Volumendiffusion unterschieden [48]. Welcher Mechanismus dominiert, hängt von den entsprechenden Diffusionskoeffizienten ab. Ebenso unterscheiden sich die Aktivierungsenergien für die verschiedenen Diffusionsprozesse [49].

Die Transportwege für die wichtigsten Mechanismen sind in Abbildung 2.5 aufgezeigt. Meist herrscht die Diffusion als Materialtransportmechanismus gegenüber der Verdampfung und Wiederkondensation (1) vor. Die Oberflächendiffusion (2) führt zu einer Verschlankung der Partikel, da äquatorial Material abgetragen wird und an die Sinterhälse transportiert wird. Wie bei der Verdampfung und Wiederkondensation kommt es zwar zum Halswachstum, aber zu keiner Schwindung, ebenso, wenn Oberflächenatome über Volumendiffusion (3) verschoben werden. Nur Volumendiffusion (4) und Grenzflächendiffusion (5), die Material aus der Korngrenze abführen, resultieren in einer Zentrumsannäherung der Partikel und somit in einer Schwindung [48].

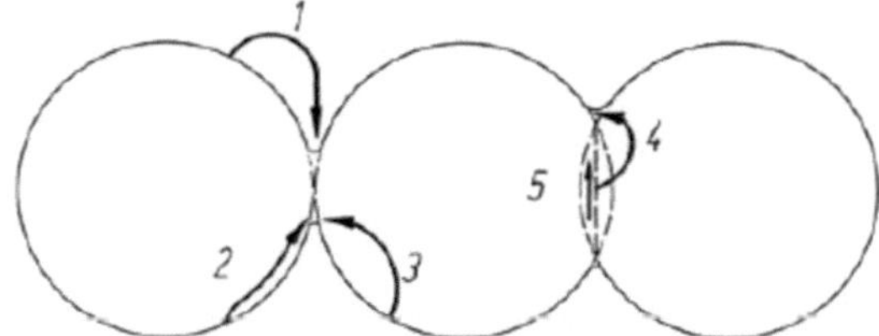

Abbildung 2.5: Schematische Darstellung der Transportwege von Materie über Verdampfung-Kondensation (1), Oberflächendiffusion (2), Volumendiffusion von der Oberfläche ausgehend (3), Volumendiffusion von Korngrenze ausgehend (4) und Grenzflächendiffusion entlang der Korngrenze [48]

Der gesamte Sinterprozess wird meistens in Anfangsstadium, Zwischenstadium und Endstadium unterteilt. Im Frühstadium entstehen die ersten Sinterhälse zwischen den Partikeln und die Partikeloberfläche wird abgebaut, so dass die Gesamtenergie verringert wird. Die Schwindung in der Frühphase ist gering und beträgt bis zu 5 %. Der dominierende Transportmechanismus ist die Oberflächendiffusion. Der größte Teil der Schwindung läuft im Zwischenstadium ab, weshalb man auch von Schwindungsintensivstadium spricht, bei dem Volumen- und Korngrenzendiffusion dominieren. Das Endstadium beginnt, wenn die zunächst durchgehenden Porenkanäle in geschlossene Poren übergehen, was etwa bei 5-10 % Restporosität der Fall ist. Im Endstadium des Sinterns nimmt die Restporosität langsam ab, wobei aber mit zunehmender Temperatur verstärktes Kornwachstum eintritt [48][50].

Es hat sich gezeigt, dass das Sintern eines Pulvers in den meisten Fällen nicht mit einem einzigen Mechanismus zu beschreiben ist. Ein wesentliches Anliegen der Sintertheorie ist es, das Zusammenwirken der unterschiedlichen Mechanismen für den Materialtransport beim Sintern darzustellen [51]. Die grundlegenden Vorgänge beim Sintern sind zwar bekannt, doch die Zuordnung bestimmter Mechanismen zu verschiedenen Stadien des Sinterprozesses aufgrund des parallelen und sequenziellen Ablaufs einzelner Transportvorgänge ist schwierig. Alle gängigen Untersuchungsverfahren zur Sinterkinetik erfassen die Summe von Vorgängen nur unspezifisch und erlauben damit nur indirekt Rückschlüsse auf einzelne Mechanismen. Aus diesem Grund ist es nur schwer möglich, den Anteil eines ganz bestimmten Transportmechanismus am Gesamtablauf separat zu bestimmen, es sei denn, dass bei bestimmten Stoffen grundsätzlich nur ein Mechanismus in Frage kommt [52].

2.4.2 Modelle zur Beschreibung und Vorhersage des Sinterverhaltens

Zur Bestimmung der richtigen Sinterparameter für ein Bauteil mit den in der technischen Anwendung erforderlichen Genauigkeiten werden oftmals viele Sinterfahrten durchgeführt. Vorteile bieten hier Modelle, die das Sinterverhalten vorhersagen können und somit in der Lage sind, die Entwicklung anspruchsvoller Werkstoffsysteme, wie beispielsweise Verbundbauteile, zu beschleunigen.

Master-Sinter-Kurve (MSC)

Die Master-Sinter-Kurve (engl. Master-Sintering-Curve; MSC) ist ein halb empirischer Ansatz, der die Vorhersage des Sinterverhaltens für beliebige Temperatur-Zeit-Profile durch wenige vorausgehende Experimente ermöglicht. Voraussetzungen für die Gültigkeit des Modells sind eine konstante Partikelgrößenverteilung der Pulver, eine unveränderte Packungsdichte und ein gleichbleibendes Formgebungsverfahren

[53][54][55]. Die Änderung nur einer dieser Bedingungen beeinflusst das Sinterverhalten maßgeblich. Bei einem Vergleich der Ergebnisse von Master-Sinter-Kurven in verschiedenen Sinterstudien für das gleiche Material ist dies einer der Hauptgründe, warum sich das Sinterverhalten unterscheidet [53][56][57].

Basis der Master-Sinter-Kurve ist die Beschreibung der zeitlichen Abhängigkeit der linearen Schwindung aus dem combined-stage sintering Modell [58],

$$-\frac{dL}{L \cdot dt} = \frac{\gamma \cdot \Omega}{k_B \cdot T} \left(\frac{\Gamma_v \cdot D_v}{G^3} + \frac{\Gamma_b \cdot \delta \cdot D_b}{G^4} \right) \tag{2.14}$$

wobei L die Länge der Probe [m], γ die spezifische Grenzflächenenergie [J/m^2], Ω das Atomvolumen [m^3], k_B die Boltzmannkonstante [J/K], T die Temperatur [K], G der mittlere Partikeldurchmesser x_{50} [m], D_v und D_b Koeffizienten für Volumen- und Korngrenzendiffusion [m^2/s], δ die Breite der Korngrenze [m] sind. Γ_v und Γ_b drücken Skalierungskonstanten [-] aus, die geometrische Größen und treibende Kräfte enthalten.

Unter der Voraussetzung einer isotropen Schwindung lässt sich die Schwindungsrate in die Verdichtungsrate überführen.

$$-\frac{dL}{L \cdot dt} = \frac{d\rho}{3 \cdot \rho \cdot dt} \tag{2.15}$$

Hierbei entspricht ρ der Dichte der Probe [g/cm^3]. Für den Fall, dass nur ein dominanter Diffusionsmechanismus (entweder Volumen- oder Korngrenzendiffusion) vorliegt, lässt sich Gleichung (2.14) vereinfachen zu,

$$\frac{d\rho}{3 \cdot \rho \cdot dt} = \frac{\gamma \cdot \Omega \cdot (\Gamma(\rho)) \cdot D_0}{k \cdot T \cdot (G(\rho))^n} \cdot \exp\left(-\frac{Q}{R \cdot T}\right) \tag{2.16}$$

wobei Q [J/mol] die scheinbare Aktivierungsenergie und R [J/molK] die Gaskonstante darstellt. Weiterhin gilt $D_0=(D_v)_0$ [m^2/s] und $n = 3$ für Volumendiffusion sowie $D_0=(\delta D_b)_0$ [m^2/s] und $n = 4$ für Korngrenzendiffusion. Außerdem wird angenommen, dass G und Γ nur von der Dichte ρ abhängen.

Durch Umsortieren und Integration der dichteabhängigen Größen in einen Verdichtungsparameter $\Phi(\rho)$ (Gleichung (2.17)) und der temperaturabhängigen Größen in einen Temperaturparameter $\Theta(t, T(t))$ (Gleichung (2.18)) lässt sich der Sinterverlauf als Funktion der Temperatur und Zeit (Gleichung (2.19)) beschreiben [53].

$$\Phi(\rho) = \frac{k}{\gamma \cdot \Omega \cdot D} \int_{\rho_0}^{\rho} \frac{\left(G(\rho)\right)^n}{3 \cdot \rho \cdot \Gamma(\rho)} \cdot d\rho \qquad (2.17)$$

$$\Theta\big(t, T(t)\big) = \int_0^t \frac{1}{T} \cdot \exp\left(-\frac{Q}{R \cdot T}\right) \cdot dt \qquad (2.18)$$

$$\Phi(\rho) = \Theta\big(t, T(t)\big) \qquad (2.19)$$

Neben dem Temperaturprofil $T(t)$ hängt der Temperaturparameter von der Aktivierungsenergie Q ab, die entweder bekannt ist oder abgeschätzt werden kann. Wird die richtige Aktivierungsenergie zugrundegelegt oder über Regressionsrechnung bestimmt, so liegen alle Messpunkte der Sinterdilatometrie auf einer Kurve, der sogenannten Master-Sinter-Kurve. Diese wiederum ermöglicht die Vorhersage der Sinterverläufe für beliebige weitere Heizraten. Dazu ergibt sich für jeden Zeitschritt des gewünschten neuen Temperatur-Zeit-Profils nach Gleichung (2.18) ein Temperaturparameter $\Theta(t, T(t))$, der auf der Abzisse aufgetragen wird. Über die Master-Sinter-Kurve ergibt sich der entsprechende Dichtewert auf der Ordinate.

Die Anwendung des Konzepts der Master-Sinter-Kurve erfordert zunächst die Messung der zeitlichen Verläufe der Sinterdichte ρ für zwei oder mehr Temperaturprofile mittels Sinterdilatometrie und die Berechnung der Temperaturparameter $\Theta(t, T(t))$. Im nächsten Schritt wird die Dichte ρ für jedes gemessene Temperaturprofil $T(t)$ über $\log(\Theta)$ in einem Diagramm aufgetragen und über eine Fitfunktion angepasst.

Zur Anpassung der Messpunkte nutzten Su und Johnson [53] eine Polynomfunktion. Teng [59] schlägt aufgrund des typischen Verdichtungsverlaufs beim Sintern eine Beschreibung über eine s-förmige Kurve vor. Die entsprechende Master-Sinter-Funktion (Gleichung (2.20)) enthält fünf anzugleichende Parameter. Die Aktivierungsenergie, die in den Temperaturparameter Θ eingeht, wird solange variiert, bis die bestmögliche Anpassung an die Messwerte der Sinterdilatometrie erzielt wird.

$$\rho = \rho_0 + \frac{a}{\left[1 + \exp\left(-\dfrac{\log(\Theta) - \log(\Theta_0)}{b}\right)\right]^c} \qquad (2.20)$$

Die Parameter aus Gleichung (2.20) lassen sich mit Hilfe der Abbildung 2.6 veranschaulichen. ρ_0 ist die Ausgangsdichte und entspricht der unteren Asymptote, a ist die Differenz zwischen Ausgangsdichte und Enddichte ρ_∞ (obere Asymptote), Θ_0 ist der

Wert für Θ am Wendepunkt und die Parameter b und c beeinflussen die Form der S-Kurve [60].

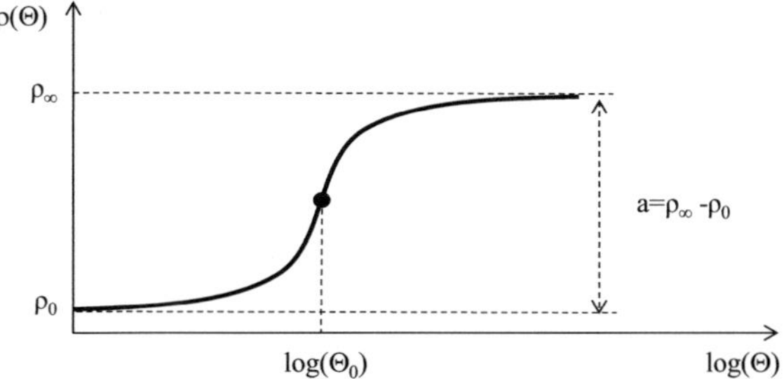

Abbildung 2.6: Skizze zur Erläuterung der Parameter der S-Kurve-Funktion

Kinetic Field Modell

Das Kinetic Field Modell ermöglicht, wie auch die Master-Sinter-Kurve, die Vorhersage des Sinterverhaltens aus Schwindungsmessungen bei verschiedenen Temperatur-Zeit-Profilen ohne über detaillierte Kenntnisse des zugrundeliegenden Sintermechanismus zu verfügen. Seinen Ursprung hat dieser Ansatz von Palmour [61][62] im Zusammenhang mit dem Rate Controlled Sintering (RCS). Während bei einer Dilatometermessung die Längenänderung einer Probe bei einem vorgegebenen Temperatur-Zeit-Profil gemessen wird, ist es beim Rate Controlled Sintering genau umgekehrt. Für ein vorgegebenes Verdichtungsprofil wird das erforderliche Temperaturprofil ermittelt [63]. Somit sollen Temperatur-Zeit-Verläufe für gewünschte Werkstoffgefüge und optimale Sinterbedingungen herausgefunden werden.

Wie die Master-Sinter-Kurve basiert der Kinetic Field Ansatz auf der Verdichtungsratengleichung (2.16) für das Festphasensintern. Durch wenige Umformungsschritte und unter Verwendung der Beziehung $dL/Ldt = d\varepsilon/dt$ erhält man die folgende Beziehung für die Auswertung von Schwindungsmessungen.

$$\ln\left(-T \cdot \frac{d\varepsilon}{dt}\right) = \ln\left(\frac{\gamma \cdot \Omega \cdot (\Gamma(\rho)) \cdot D_0}{k}\right) - n \cdot \ln(G(\rho)) - \frac{Q(\varepsilon)}{R} \cdot \frac{1}{T} \qquad (2.21)$$

Für jede konstant gewählte Aufheizrate wird für jede erreichte Temperatur die (negative) Schwindungsrate mit -1 und der Temperatur multipliziert und der natürliche Logarithmus dieses Produkts gegen $1/T$ aufgetragen. Für jede vorgegebene Heizrate ergibt sich somit eine Kurve, für die an jeder Stelle auch die Schwindung ε bekannt ist. Durch das Verbinden der Punkte mit gleicher Schwindung auf den Kurven verschiedener Heizraten erhält man sogenannte Isoschwindungslinien (engl. iso-strain-lines). Aus Gleichung (2.21) wird ersichtlich, dass die Steigung dieser Linien dem Quotienten aus Aktivierungsenergie $Q(\varepsilon)$ und allgemeiner Gaskonstante R entspricht. Somit lassen sich mittlere Aktivierungsenergien der auftretenden Sintermechanismen berechnen, die bei den entsprechenden Dichten bzw. Temperaturen gerade ablaufen. Falls mehrere Schwindungsmechanismen gleichzeitig ablaufen, führt diese Vorgehensweise zur Ermittlung der Aktivierungsenergie zu einem Wert, in dem unterschiedliche Aktivierungsenergien in unbekannter Gewichtung eingehen [64]. Im Gegensatz zur Master-Sinter-Kurve, bei der eine konstante Aktivierungsenergie für den gesamten Sinterprozess angenommen wird, liefert das Kinetic Field Modell den Verlauf der Aktivierungsenergie in Abhängigkeit vom Sinterfortschritt.

Die Vorhersage des Sinterverhaltens erfolgt über ein Iterationsverfahren mit kleinen Zeitschritten. Für jeden Startpunkt P_t im Kennfeld ist die Temperatur, die Schwindung und die Schwindungsrate bekannt (bei Sinterbeginn ist $dL/L = 0$ und $dL/Ldt = 0$). Für einen kleinen Zeitschritt lässt sich eine neue Temperatur und eine neue Schwindung berechnen. Der neue Schwindungswert liegt auf einer neuen Isoschwindungslinie, die sich aus der linearen Interpolation zwischen zwei bekannten Isoschwindungslinien ergibt. Die neue Temperatur und der neue Schwindungswert gibt die Lage des neuen Punktes P_{t+dt} vor, dessen Temperatur, Schwindung und Schwindungsrate für den nächsten Iterationsschritt bekannt ist [65]. Durch diese Vorgehensweise ist die Vorhersage des Verlaufs der Sinterschwindung für beliebige Temperatur-Zeit-Profile möglich.

2.5 Rheologie

Die Rheologie ist die Wissenschaft von der Deformation und dem Fließen von Stoffen. Ihre Aufgabe ist das Messen, Beschreiben und Erklären des Stoffverhaltens der Materie unter der Einwirkung von äußeren Kräften und Verformungen [66].

2.5.1 Rheologische Grundgrößen

Grundgrößen im Scherexperiment

Zur Definition der Größen Schubspannung τ, Scherung γ und Schergeschwindigkeit (Scherrate) $\dot{\gamma}$ sei ein Scherexperiment betrachtet, bei dem sich ein Fluid zwischen zwei parallelen Platten (Abbildung 2.7) befindet. Die untere Platte sei starr und die obere Platte werde mit konstanter Geschwindigkeit um die Weglänge z bewegt, so dass sich ein lineares Geschwindigkeitsprofil $v(z)$ im Spalt einstellt. Hierfür ist eine Kraft F erforderlich.

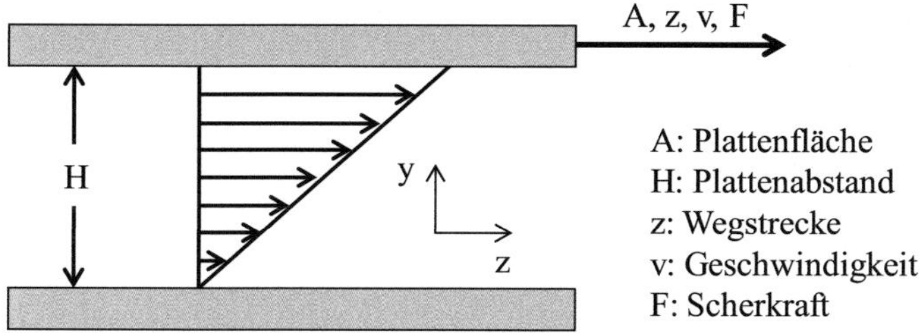

Abbildung 2.7: Zweiplattenmodell: Definition der Grundgrößen im Scherexperiment

Unter der Annahme, dass das Fluid an den Platten haftet und die Strömung laminar ist, ergibt sich die Schubspannung τ aus dem Verhältnis der Scherkraft F zur Plattenfläche A.

$$\tau = \frac{F}{A} \tag{2.22}$$

Der Quotient aus der zurückgelegten Wegstrecke z und der Höhe H wird als Scherdeformation bzw. Scherung bezeichnet. Die Schergeschwindigkeit $\dot{\gamma}$ stellt das Verhältnis der Geschwindigkeit v zur Höhe H dar.

$$\dot{\gamma} = \frac{v}{H} \tag{2.23}$$

Die Viskosität η ist als Quotient von Schubspannung und Schergeschwindigkeit definiert:

$$\eta = \frac{\tau}{\dot{\gamma}} \tag{2.24}$$

Die Viskosität ist als Widerstand, den ein System dem Fließvorgang entgegensetzt, maßgebend für die Materialcharakterisierung. Sie hängt neben der Schergeschwindigkeit unter anderem auch von Druck, Temperatur und Füllgrad ab [66].

2.5.2 Scherfließen und Fließgesetze

Unter einem Fließgesetz zur Beschreibung einer reinen Scherströmung eines Fluids ist der Zusammenhang zwischen Schubspannung und Schergeschwindigkeit zu verstehen. Im Folgenden sind einige Ansätze für Fließgesetze aus der Literatur aufgeführt, mit denen sich das in Rheometern ermittelte Fließverhalten beschreiben lässt [67].

Für ein newtonsches Fluid (z.B. Wasser) besteht zwischen der Schubspannung und der Schergeschwindigkeit ein linearer Zusammenhang.

$$\tau(\dot{\gamma}) = \eta \cdot \dot{\gamma} \qquad (2.25)$$

Nichtnewtonsche Fluide weisen hingegen, wie in Abbildung 2.8 dargestellt, einen nichtlinearen Zusammenhang auf.

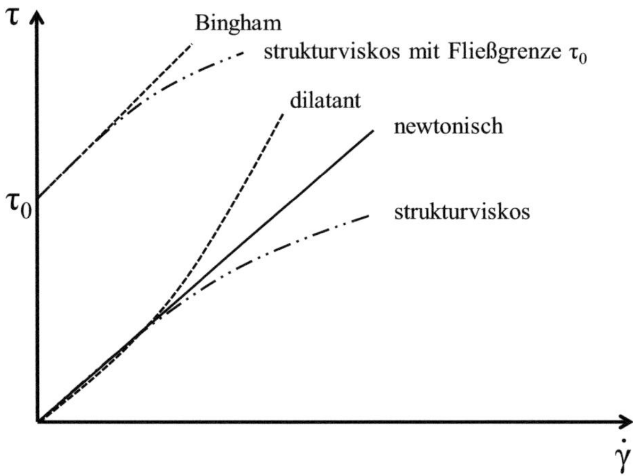

Abbildung 2.8: Verlauf typischer Fließfunktionen für newtonsches und nichtnewtonsches Fließverhalten nach [68]

Strukturviskose Fluide (z.B. Polymere) zeigen ein scherverdünnendes Verhalten, während dilatante Fluide (z.B. Stärke in Wasser) scherverdickend wirken. Strukturviskoses und dilatantes Fließverhalten sind in vielen Fällen mit dem Potenzansatz von Ostwald de Waele beschreibbar.

$$\tau = k \cdot \dot{\gamma}^n \qquad (2.26)$$

Der Exponent n wird als Strukturkennzahl bezeichnet und nimmt für strukturviskose Fluide Werte $n < 1$ an, für dilatante Fluide ist $n > 1$. Für newtonsche Fluide ($n=1$) entspricht k der Viskosität [32].

Des Weiteren gibt es Fluide, die eine Fließgrenze τ_0 aufweisen. Eine Fließgrenze ist die Mindestschubspannung, ab der plastisches Fließen einsetzt.

Bingham Fluide (z.B. Zahnpasta) weisen nach Überschreiten der Fließgrenze newtonsches Verhalten auf.

$$\tau = \tau_0 + \eta \cdot \dot{\gamma} \tag{2.27}$$

Bei einem Hershel-Bulkley-Fluid (z. B. Suspensionen) wird nach Überschreiten der Fließgrenze hingegen strukturviskoses Verhalten beobachtet.

$$\tau = \tau_0 + k \cdot \dot{\gamma}^n \tag{2.28}$$

2.5.3 Strömungsvorgänge

Strömungsvorgänge werden vollständig durch fünf Grundgleichungen bzw. Erhaltungssätze beschrieben:

- Kontinuitätsgleichung (Erhalt der Masse)
- Impulsgleichung (Zweites Newtonsches Gesetz)
- Energiegleichung (spezielle Form des ersten Hauptsatzes der Thermodynamik)
- Thermische Zustandsgleichung (Abhängigkeit der Stoffdichte von Druck und Temperatur)
- Rheologische Zustandsgleichung (z. B. Fließfunktion)

Eine allgemeine Lösung der meist miteinander gekoppelten Grundgleichungen ist nicht möglich. Durch weitgehende Vereinfachungen lassen sich für einfache Geometrien allerdings analytische Lösungen ableiten. Die Lösung des verallgemeinerten Gleichungssystems ist bei komplizierteren Strömungsgeometrien nur noch durch numerische Verfahren möglich, wobei oftmals Differenzen- oder Finite-Elemente bzw. Finite-Volumen-Verfahren zur Diskretisierung der Gleichungen verwendet werden [69]. Eine detaillierte Aufführung der Gleichungen und Erläuterungen findet man beispielsweise in [66][69].

Strömung im Rohr

Bei den folgenden Betrachtungen sei eine stationäre, isotherme und laminare Strömung im Rohr gegeben. Für ein inkompressibles Fluid führt die Bewegung in einem geraden Rohr mit Kreisquerschnitt in ausreichend großer Entfernung zum Einlauf zu einer definierten Geschwindigkeitsverteilung $v(r)$ über dem Rohrradius, unabhängig von der Längskoordinate z.

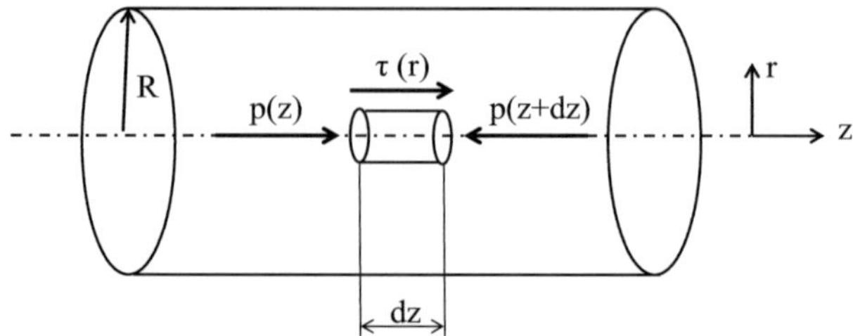

Abbildung 2.9: Kräftebilanz an einem zylindrischen Fluidelement infinitesimaler Länge in einer Rohrströmung

Unter Vernachlässigung von Trägheits- und Gravitationskräften und der Kompressibilität des Fluids stellt sich aufgrund der inneren Fluidreibung ein axialer Druckgradient -dp/dz ein. Aus der Kräftebilanz an einem infinitesimalen Fluidelement in einer Rohrstömung, dargestellt in Abbildung 2.9, ergibt sich die Schubspannungsverteilung über dem Querschnitt $\tau(r)$ bzw. die Wandschubspannung $\tau_w = \tau(R)$:

$$\tau(r) = \left(-\frac{dp}{dz}\right) \cdot \frac{r}{2} \quad \text{bzw.} \quad \tau_w = \left(-\frac{dp}{dz}\right) \cdot \frac{R}{2} \qquad (2.29)$$

Bei rheometrischen Messungen ist das Fließgesetz zunächst nicht bekannt. Als Messgröße steht neben Drücken der Volumenstrom zur Verfügung:

$$\dot{V} = \int_0^R 2 \cdot \pi \cdot r \cdot v(r) \cdot dr \qquad (2.30)$$

Aus dem Hagen-Poiseuille-Gesetz folgt für newtonsche Fluide in einem Rohr die Schergeschwindigkeit an der Rohrwand zu

$$\dot{\gamma} = \frac{4 \cdot \dot{V}}{\pi \cdot R^3} \qquad (2.31)$$

In Abbildung 2.10 sind die radialen Verläufe der Schubspannung $\tau(r)$, der Schergeschwindigkeit $\dot{\gamma}(r)$ und der Strömungsgeschwindigkeiten $v(r)$ für ein newtonsches Fluid dargestellt.

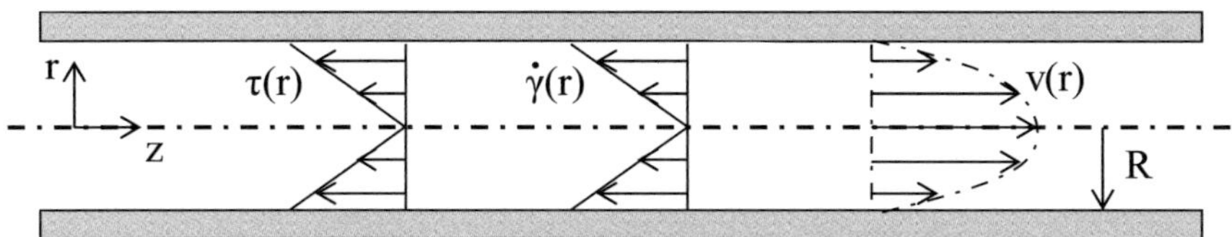

Abbildung 2.10: Schubspannung $\tau(r)$, Schergeschwindigkeit $\dot{\gamma}(r)$ und Strömungsgeschwindigkeit $v(r)$ in einem Rohr (laminare Strömung, Newton-Fluid) nach [66]

Strömung im Rechteckkanal

Wird für den Rechteckkanal (Abbildung 2.11) analog zum Rohr eine Kräftebilanz aufgestellt, so folgt für $L>>B>>H$ für die Schubspannungsverteilung über die Kanalhöhe $\tau(y)$ bzw. für die Wandschubspannung τ_W

$$\tau(y) = \left(-\frac{dp}{dz}\right) \cdot \frac{h}{2} \quad \text{bzw.} \quad \tau_w = \left(-\frac{dp}{dz}\right) \cdot \frac{H}{2} \qquad (2.32)$$

und die Schergeschwindigkeit $\dot{\gamma}$ an der Wand:

$$\dot{\gamma} = \frac{6 \cdot \dot{V}}{B \cdot H^2} \qquad (2.33)$$

Die Gleichungen (2.31) und (2.33) gelten nur bei newtonschen Fluiden, die ein parabelförmiges Geschwindigkeitsprofil aufweisen. Für nichtnewtonsche Fluide stellt sich ein abweichendes Strömungsprofil ein und die Ausdrücke werden als scheinbare Schergeschwindigkeit $\dot{\gamma}_s$ bezeichnet.

Mit Hilfe der Rabinowitsch-Weißenberg-Korrektur lässt sich das Strömungsprofil korrigieren und die wahre Schergeschwindigkeit $\dot{\gamma}_w$ bestimmen.

$$\dot{\gamma}_w = \frac{\dot{\gamma}_s}{3} \cdot \left(2 + \frac{d\log\dot{\gamma}_s}{d\log\tau_w}\right) = \frac{\dot{\gamma}_s}{3} \cdot (2 + s_k) \qquad (2.34)$$

Dabei ist s_k der Kehrwert der Steigung im doppellogarithmischen Diagramm.

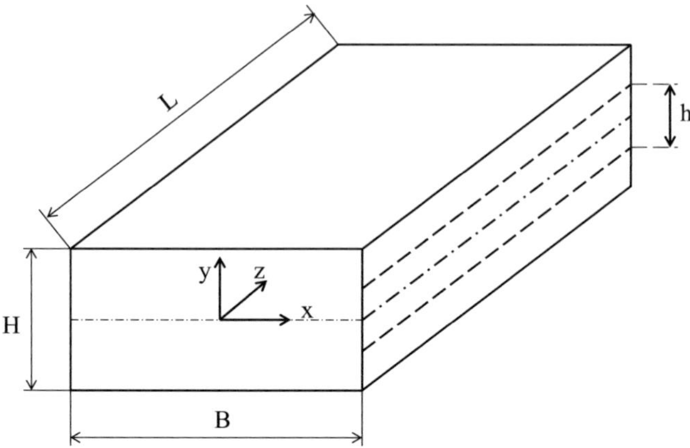

Abbildung 2.11: Bezeichnungen am Rechteckkanal nach [66]

2.5.4 Rheologie von Suspensionen

Als Suspensionen werden disperse Systeme bezeichnet, bei denen feste Partikel in einer Flüssigkeit dispergiert sind [67]. Dabei bilden Feststoffpartikel zusammen mit dem Matrixfluid eine „innere Struktur" aus. Die Stabilität einer solchen Struktur ist bestimmt durch die Wechselwirkungskräfte zwischen den Partikeln (elektrostatische und van-der-Waals-Kräfte) sowie zwischen Partikeln und Fluid (vorwiegend chemische Wechselwirkung und Vernetzung) [32]. Erste umfassende Übersichten zum Fließverhalten von Suspensionen mit newtonschen und nichtnewtonschen Matrixfluiden veröffentlichten Goodwin [70] sowie Mewis und Spaull [71]. Wesentliche Merkmale der dispersen Phase einer Suspension sind die Volumen-Konzentration der Partikel, die Partikelgrößenverteilung, die Partikelform (z.B. Kugeln oder Fasern) und die Art des Partikelmaterials [67]. In Arbeiten von Windhab [32], Gleißle [72] und Ohl [73] wurde der Einfluss dieser Merkmale auf das Fließverhalten für Kohle-Silikonöl-Suspensionen bzw. Kalksteinsuspensionen untersucht. Hochstein [74] untersuchte Glaskugel-, Quarz- und Kalksteinsuspensionen mit Silikonöl als Matrixfluid bei verschiedenen Partikelgrößenverteilungen. In einer Arbeit von Markov [75] wurde der Einfluss der Füllstoffart, des Füllstoffgehalts und der Füllstoffgeometrie anhand von Aluminiumoxid-, Kupfer- und Graphit-Compounds mit jeweils Polyamid als Matrixfluid ermittelt. Im Vergleich dazu werden in dieser Arbeit hochkonzentrierte Suspensionen (MIM-Feedstocks) von rein sphärischen Metallpulvern (X65Cr13) in einem organischen Bindersystem mit unterschiedlichen Partikelgrößenverteilungen und Füllgraden untersucht.

Die Charakterisierung des rheologischen Verhaltens von Suspensionen ist bei weitem nicht so wohl definiert wie das von rein newtonschen oder nichtnewtonschen Fluiden [67]. Konzentrierte Suspensionen neigen aufgrund ihrer heterogenen Struktur (Feststoff und Fluid) zu Wandgleiten. Der damit verbundene Geschwindigkeitssprung an der Wand hat zur Folge, dass das Fluid weniger Scherdeformation erfährt als im Falle von Wandhaftung. Rheometrische Messungen ohne Berücksichtigung des Gleitverhaltens sind auf andere Kanalgeometrien daher nicht übertragbar. Beispielsweise lässt sich der Volumenstrom aus der Messung einer Fließkurve mit einer 1 mm Kapillare ohne Kenntnis des Wandgleitens nicht für eine 2 mm Kapillare vorhersagen [66]. Mit geeigneten Rheometern lassen sich das für das Scherfließen relevante Fließgesetz und das Gesetz für das Gleiten des Fluids an der Rheometerwand bestimmen.

2.5.5   Wandgleiten und Gleitgesetze

Wandgleiten und Geschwindigkeitsprofile

Im Bereich fester Wände sind die Partikel einer Suspension durch geometrische Zwänge und Kraftwechselwirkungen mit der Wand anders angeordnet als im Inneren der Suspension. Dieser Einfluss der Wand, der üblicherweise eine Reduzierung der Scherfestigkeit des Partikelgerüsts verursacht, erstreckt sich über einen Wandabstand von der Größenordnung einiger Partikeldurchmesser. Bei hinreichend hohen Schubspannungen kommt es zum Strukturkollaps dieser Wandschicht und in der Folge entweder zu einem direkten Gleiten der Schmelze an der Wand oder zur Ausbildung eines dünnen Schmierfilms (Gleitschicht) [76], auf dem die Suspension längs der Wand gleiten kann [67]. Die Gleitschichtdicke s_f liegt meist im Bereich von 0,1 bis 10 µm und weist eine erheblich niedrigere Viskosität auf. Phänomenologisch wird die Dicke dieser Gleitschicht vernachlässigt und angenommen, dass die Suspension mit einer endlichen Gleitgeschwindigkeit v_g an der Wand abrutscht [67]. Damit kann der Gleitvorgang auch bei Ausbildung dünner Gleitschichten in guter Näherung als Geschwindigkeitssprung direkt an der Wand betrachtet werden [32]. In Abbildung 2.12 sind die Geschwindigkeitsprofile für das Gleiten auf einem Schmierfilm (b) und an der Wand (c) im Vergleich zur wandhaftenden Strömung (a) für ein Rohr schematisch dargestellt.

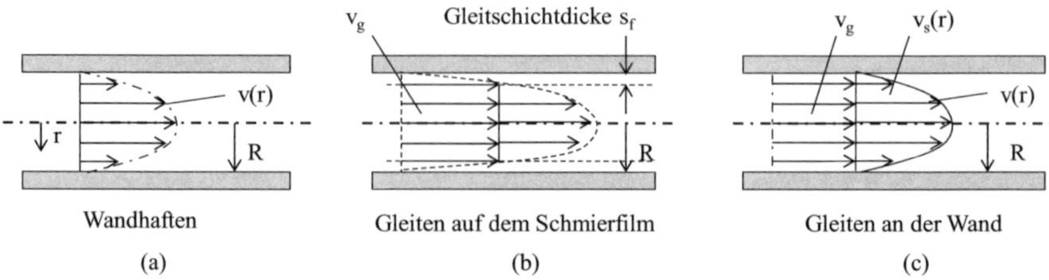

Abbildung 2.12: Geschwindigkeitsprofile $v(r)$ für Strömungen (a) ohne Gleiten (Wandhaften) und mit (b) Gleiten auf dem Schmierfilm und (c) an der Wand nach [66] [77]

Das Geschwindigkeitsprofil $v(r)$ der Gleitströmung setzt sich aus der konstanten Gleitgeschwindigkeit v_g und dem Geschwindigkeitsprofil für Scherfließen $v_s(r)$ zusammen.

Mooney-Korrektur

Mooney entwickelte 1931 unter der Voraussetzung, dass das Gleiten direkt an der Wand des Fließkanals stattfindet und die Gleitgeschwindigkeit allein von der Wandschubspannung und nicht zusätzlich vom Druck abhängt, eine vom Fließgesetz unabhängige Methode zur Ermittlung der Wandgleitgeschwindigkeit [78]. Beispiele für die Vorgehensweise bei seiner Methode für Rundkapillaren finden sich in [66] und [72]. Da die experimentelle Bestimmung der Gleitgeschwindigkeit nach Mooney in dieser Arbeit an einem Rheometer mit Schlitzkapillare durchgeführt wurde, beziehen sich nachfolgende Gleichungen auf einen Kanal mit Breite B und Höhe H.

Der Gesamtvolumenstrom $\dot{V}$ setzt sich aus dem Gleitvolumenstrom $\dot{V}_g$ und dem Schervolumenstrom $\dot{V}_s$ zusammen.

$$\dot{V} = \dot{V}_g + \dot{V}_s \tag{2.35}$$

$$\dot{V}_g = B \cdot H \cdot v_g(\tau_w) \tag{2.36}$$

$$\dot{V}_s = \frac{H^2 \cdot B}{2 \cdot \tau_w^2} \int_0^{\tau_w} \tau \cdot \dot{\gamma}(\tau) \cdot d\tau \tag{2.37}$$

Durch Einsetzen der Gleichungen (2.36) und (2.37) in Gleichung (2.35) ergibt sich,

$$\frac{\dot{V}}{B \cdot H^2} = \frac{v_g(\tau_w)}{H} + \frac{1}{2 \cdot \tau_w^2} \int_0^{\tau_w} \tau \cdot \dot{\gamma}(\tau) \cdot d\tau \qquad (2.38)$$

wobei das bestimmte Integral über die Fließfunktion bei konstanter Wandschubspannung τ_w eine Konstante $A(\tau_w)$ ergibt.

$$\left(\frac{\dot{V}}{B \cdot H^2}\right)_{\tau_w=konst.} = \frac{v_g(\tau_w)}{H} + A(\tau_W) \qquad (2.39)$$

Durch Messungen des Volumenstroms $\dot{V}$ kann die Gleitgeschwindigkeit v_g bei gleichen Wandschubspannungen τ_w unter Verwendung verschiedener Spalthöhen H bestimmt werden. Die Auftragung $\dot{V}/BH^2$ über $1/H$ ergibt eine Gerade und wird als sogenannter „Mooney-Plot" (Abbildung 2.13) bezeichnet. Dabei entspricht der Ordinatenabschnitt bei $1/H = 0$ der Konstanten $A(\tau_w)$ und die Steigung $\tan(\alpha)$ der Gleitgeschwindigkeit $v_g(\tau_w)$ [66].

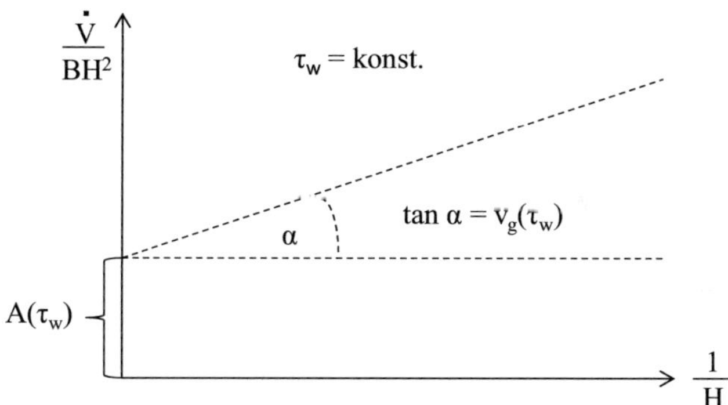

Abbildung 2.13: Mooney-Plot zur Bestimmung der Gleitgeschwindigkeit $v_g(\tau_w)$ nach [66]

Mit der Gleitgeschwindigkeit v_g lässt sich nach Gleichung (2.36) der Gleitvolumenstrom $\dot{V}_g$ und mit Gleichung (2.35) der Schervolumenstrom $\dot{V}_s$ ermitteln.

Nach der Gleitkorrektur wird unabhängig von der Spalthöhe dieselbe Fließfunktion $\tau(\dot{\gamma})$ bestimmt. Die Vorhersage des Fließverhaltens für weitere Geometrien ist möglich. Das Fließverhalten von wandgleitenden Substanzen kann nun über die Fließfunktion $\tau(\dot{\gamma})$ und der Gleitfunktion $\tau_w(v_g)$ eindeutig beschrieben werden.

Das Mooney-Verfahren wurde von Windhab [32][79] für Fluide mit einer Fließgrenze τ_0 (z.B. Hershel-Bulkley-Fluid) erweitert. In Abbildung 2.14 ist zu erkennen, dass dem Geschwindigkeitsprofil für Scherfließen v_s und Gleiten v_g eine Pfropfgeschwindigkeit v_k überlagert ist.

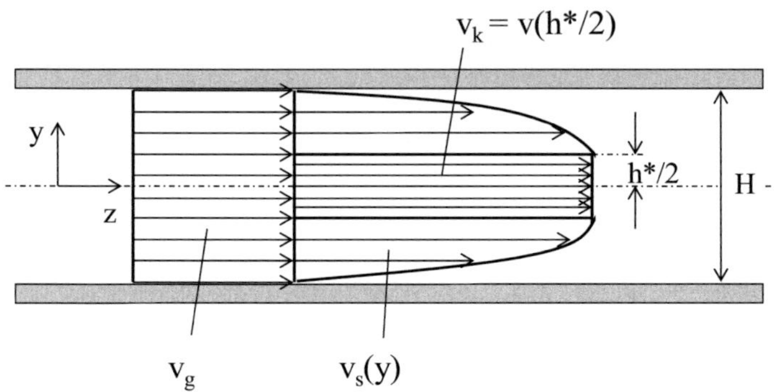

Abbildung 2.14: Geschwindigkeitsprofil einer Strömung bei Überlagerung von Wandgleiten und Scherfließen mit Fließgrenze nach [32][79]

Der Gesamtvolumenstrom $\dot{V}$ enthält damit neben dem Gleitvolumenstrom $\dot{V}_g$ und dem Schervolumenstrom $\dot{V}_s$ einen Kernpfropfvolumenstrom $\dot{V}_k$. Eine allgemeine Herleitung dazu findet sich in [32] und [79].

Analog zur mathematischen Beschreibung des Scherfließens über Fließgesetze (Gleichungen (2.25) bis (2.28)) gibt es in der Literatur ebenfalls Ansätze für Gleitgesetze. Einen bewährten Zusammenhang zur Beschreibung von druckunabhängigen Gleiteffekten stellt Gleichung (2.40) dar [79]:

$$\tau_w = c_g \cdot v_g^m + \tau_1 \qquad (2.40)$$

Die Gleichung gilt für $\tau_w > \tau_1$, wobei τ_1 die Gleitgrenze ist, d.h. diejenige Wandschubspannung, oberhalb der das Gleiten mit der Gleitgeschwindigkeit v_g einsetzt.

3　Experimentelle Vorgehensweise

3.1　Feedstockzusammensetzung

Die in dieser Arbeit untersuchten Feedstocks setzen sich aus Metallpulvern des hochlegierten Stahls X65Cr13 und einem mehrkomponentigen Bindersystem zusammen. Beim Metallpulver wurden sowohl der mittlere Partikeldurchmesser x_{50} als auch die Verteilungsbreite σ und somit die massenspezifische Oberfläche S_M variiert. Über die Variation des Verhältnisses des Metallpulvers zum Binder wurden unterschiedliche Volumenfüllgrade c_v und dadurch die volumenspezifischen Oberflächen S_V eingestellt.

3.1.1　Metallpulver

Das verwendete Metallpulver besteht aus dem Werkstoff X65Cr13 (Werkstoffnummer: 1.4037), einem nichtrostenden martensitischen Chrom-Stahl. In Tabelle 3.1 ist die chemische Zusammensetzung des Werkstoffs dargestellt.

Tabelle 3.1:　Chemische Zusammensetzung von X65Cr13 in Gew.-%

Cr	Si	Mn	C	N	O	Ta	Ti	P	S	B
13,6	0,99	0,86	0,64	0,1	0,043	<0,01	<0,01	0,009	0,009	<0,001

Der hochlegierte Stahl X65Cr13 weist eine gute Korrosionsbeständigkeit in gemäßigt aggressiven, nicht chlorhaltigen Medien, wie Seifen, Lösungsmitteln und organischen Säuren, sowie Wasser und Wasserdampf auf. Wegen der Ausscheidung von Chromkarbiden und der Bildung von angrenzenden chromverarmten Bereichen sollte der Werkstoff nicht im weichgeglühten oder hochangelassenem Zustand eingesetzt werden, falls eine Korrosionsbeständigkeit erforderlich ist. Die beste Korrosionsbeständigkeit liegt im gehärteten Zustand mit polierter Oberfläche vor [80].

Durch Halten im Temperaturbereich von 750 bis 800 °C mit anschließender Abkühlung im Ofen oder an der Luft wird der Stahl weichgeglüht. In diesem Zustand hat der Stahl die Zugfestigkeit $R_m \leq 850$ N/mm^2 und die Härte ≤ 245 HB [80]. Wichtige physikalische Eigenschaften sind in Tabelle 3.2 zusammengefasst.

Tabelle 3.2:   Physikalische Eigenschaften von X65Cr13 [80]

Physikalische Eigenschaft	Werte
Dichte [g/cm^3]	7,70
Elektrischer Widerstand bei 20 °C [Ωmm^2/m]	0,55
Magnetisierbarkeit	vorhanden
Wärmeleitfähigkeit bei 20 °C [W/m K]	30
Spez. Wärmekapazität bei 20 °C [J/ kg K]	460
Mittlerer Wärmeausdehnungskoeffizient [K^{-1}]	20-400 °C: 12 · 10^{-6}

3.1.2   Ausgangsfraktionen

Als Ausgangsmetallpulver wurden sechs Fraktionen des Werkstoffs X65Cr13 ausgewählt:

- <7 µm
- 7-15 µm
- 15-22 µm
- 22-32 µm
- 32-38 µm
- 38-45 µm

Die Pulvercharge wurde bei einem externen Hersteller durch Verdüsung in einem
Stickstoffstrom hergestellt und durch Sichten in sechs verschiedene Pulverfraktionen
klassiert. Zur Prüfung wurden die Pulverfraktionen einer Partikelgrößenanalyse unterzogen, deren Ergebnis in Kapitel 4.1.1 zu finden ist. Der Füllgrad der aufbereiteten
Feedstocks beträgt 58 Vol.-%. Die Form der Partikel ist sphärisch, wie in Abbildung
3.1 für die Pulverfraktion 15-22 µm exemplarisch dargestellt ist.

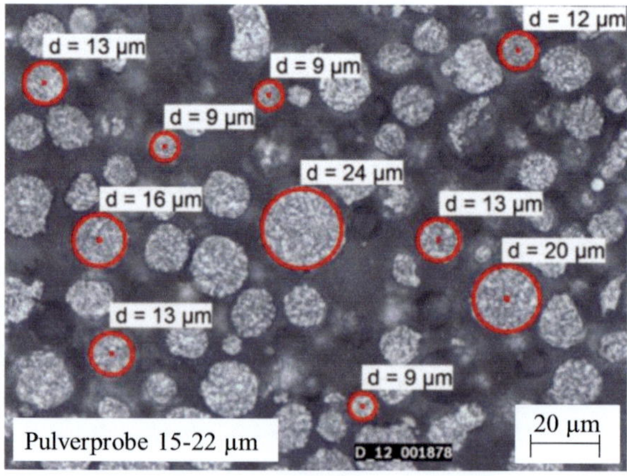

Abbildung 3.1: Pulverprobe der Ausgangspulverfraktion 15-22 µm

3.1.3   Gemischte Pulververteilungen aus Ausgangsfraktionen

Für die Untersuchung der Beeinflussung des Fließ- und Sinterverhaltens durch einzelne charakteristische Werte, wie der mittleren Partikelgröße x_{50} und der Verteilungsbreite σ, wurden die Partikelgrößenverteilungen nach Abbildung 3.2 aus den Ausgangsfraktionen gemischt.

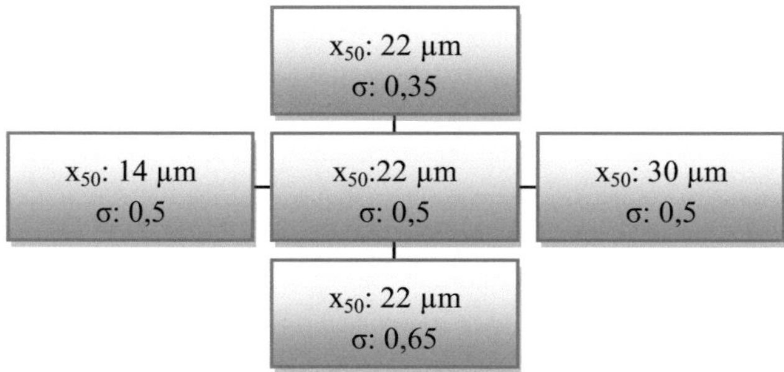

Abbildung 3.2: Gemischte Pulververteilungen aus Ausgangsfraktionen

Um den Einfluss des Füllgrades auf das Fließverhalten zu untersuchen, wurden für die Partikelgrößenverteilung mit x_{50} = 22 µm und σ = 0,5 Feedstocks mit 58, 63 und 68 Vol.-% hergestellt. Der Füllgrad c_v der Feedstocks mit den übrigen Verteilungen betrug 63 Vol.-%.

Für eine einfache und eindeutige Beschreibung der Feedstocks im weiteren Verlauf der Arbeit, wird die Nomenklatur aus Abbildung 3.3 eingeführt. Dabei stehen die ersten beiden Ziffern für den mittleren Partikeldurchmesser x_{50}, die mittleren drei Ziffern für die Verteilungsbreite σ und die letzten beiden Ziffern für den Volumenfüllgrad c_v.

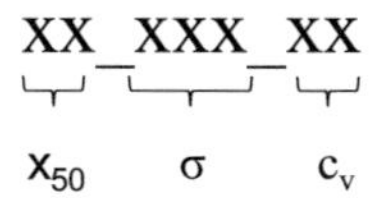

Abbildung 3.3: Nomenklatur der Feedstocks

Berechnungsmethode zur Bestimmung der Mischungsverhältnisse

Um aus den einzelnen windgesichteten Ausgangspulverfraktionen Pulververteilungen mit den gewünschten Werten von x_{50} und σ zu mischen war es erforderlich, mittels

Regressionsrechnung nach der Methode der kleinsten Abweichungsquadrate die Einzelanteile zu berechnen. Im Folgenden wird an dem Beispiel 22_050_63 die Vorgehensweise vorgestellt.

Ausgangspunkt ist die Berechnung der Partikelgrößenteilung über die Funktion der logarithmischen Normalverteilung (Gleichung (2.13)). Für eine gewünschte mittlere Partikelgröße von 22 µm in Verbindung mit einer einer Verteilungsbreite von 0,5 lautet die Gleichung für die Verteilungsdichte der logarithmischen Normalverteilung $q_{3,i}(x_i)$ an diskreten Stützstellen x_i.

$$q_3(x_i)_{22_{050_{63}}} = \frac{1}{0{,}5 \cdot \sqrt{2\pi}} \cdot \frac{1}{x_i} \cdot \exp\left[-\frac{1}{2}\left(\frac{\ln(x_i/22)}{0{,}5}\right)^2\right] \tag{3.1}$$

Über den Regressionsansatz

$$\begin{aligned} q_3(x_i)_{22_{050_{63}}} = \ &a_1 \cdot q_3(x_i)_{7-15\mu m} + a_2 \cdot q_3(x_i)_{15-22\mu m} \\ &+ a_3 \cdot q_3(x_i)_{22-32\mu m} + a_4 \cdot q_3(x_i)_{32-38\mu m} \\ &+ (1 - a_1 - a_2 - a_3 - a_4) \cdot q_3(x_i)_{38-45\mu m} \end{aligned} \tag{3.2}$$

ergeben sich die Anteile a_i der einzelnen Partikelverteilungen, aus denen sich die gewünschte Partikelgrößenverteilung 22_050_63 mit möglichst hoher Annäherung zusammensetzt. Ein Vergleich zwischen dem Verlauf der vorgegebenen logarithmischen Normalverteilung und der aus den Ausgangsfraktionen mittels Regressionsrechnung berechneten Partikelgrößenverteilungen zeigt, wie in Abbildung 3.4 zu sehen, einen nahezu deckungsgleichen Verlauf und damit eine gute Übereinstimmung.

Für die Herstellung der weiteren Verteilungen aus Abbildung 3.2 wurde analog vorgegangen. Tabelle 3.3 fasst die Pulverzusammensetzungen, die sich über die Regressionsrechnung aus den Ausgangsfraktionen ergeben haben, zusammen. Zur Herstellung der Feedstocks wurden entsprechende Mengen der Metallpulverfraktionen und der pulverförmigen Binderkomponenten eingewogen und mindestens 24 Stunden lang auf einem Rollenstuhl homogenisiert.

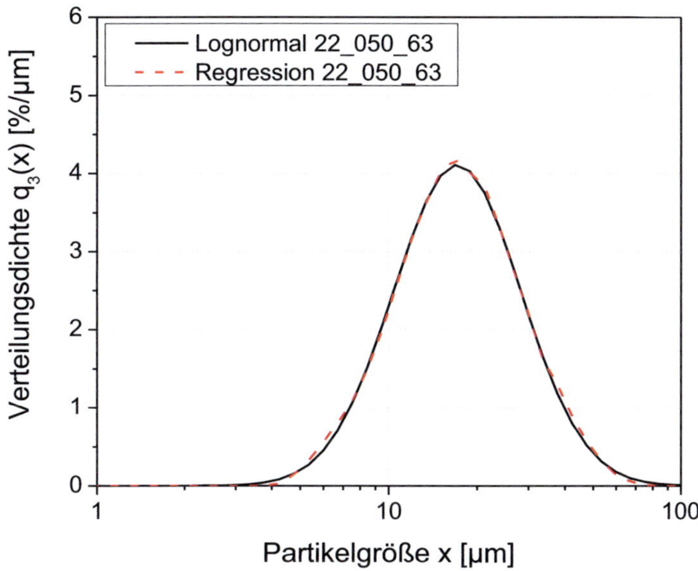

Abbildung 3.4: Vergleich der gewünschten Dichteverteilung mit $x_{50} = 22$ µm und $\sigma = 0{,}5$ nach der logarithmischen Normalfunktion mit der berechneten Dichteverteilung aus einer Mischung von Ausgangspulvern nach Regressionsrechnung für Feedstock 22_050_63

Tabelle 3.3: Zusammensetzung [Gew.-%] der berechneten Verteilungen aus Ausgangsverteilungen nach Regression

Feedstock	<7 µm [%]	7-15 µm [%]	15-22 µm [%]	22-32 µm [%]	32-38 µm [%]	38-45 µm [%]
14_050_63	3,5	50,1	28,8	14,2	3,4	0,0
22_050_63	0,0	10,9	33,3	35,0	16,1	4,7
30_050_63	0,0	2,4	14,8	38,9	18,7	25,2
22_035_63	0,0	0,0	35,3	61,2	3,5	0,0
22_065_63	2,2	20,6	22,2	29,0	9,0	17,0

3.1.4   Bindersystem

Der Binder besteht zu unterschiedlichen Anteilen aus einem speziellen Polyamid, einem Wachs und einem zusätzlichen Dispergator und sorgt für die spritzgießtypische Viskosität des Systems trotz des hohen Füllgrades an Metallpulver. Zur Verarbeitung im Spritzgießprozess ist die Viskosität eines hochgefüllten Polyamids zu hoch, so dass ein gewisser Anteil des Polyamids durch Wachs ersetzt wird. Das Wachs wirkt unter anderem selbst als Dispergator und bildet mit dem Polyamid eine gemeinsame flüssige Phase. Durch den Austausch eines kleinen Anteils an Wachs durch einen zusätzlichen Dispergator kann sowohl die Viskosität als auch die Schmelztemperatur des Feedstocks weiter abgesenkt werden.

3.2   Probenherstellung

Die Gliederung des Kapitels Probenherstellung lehnt sich an die Abfolge der Prozessschritte des MIM-Verfahrens (Abbildung 2.1) an.

3.2.1   Compoundierung

Die Compoundierung des Feedstocks erfolgte auf einem Zweischneckenkneter (ZSK MC26) der Firma Coperion. Dazu wurde die jeweilige Vormischung über eine gravimetrische Dosieranlage dem Einzugsbereich des Kneters zugeführt. Nach der ersten Compoundierung ist das Granulat bereits spritzgießfähig. Eventuell im Granulat vorliegende Poren müssen in einem zweiten Aufbereitungsschritt entfernt werden.

3.2.2   Spritzgießen

In dieser Arbeit wurden Spritzgießversuche mit verschiedenen Spritzgießmaschinen und -werkzeugen durchgeführt. An einem Zugstabwerkzeug mit Kernzugtechnik wurden sogenannte Halbstäbe gespritzt. Aus diesen Halbstäben wurden Proben für die Sinterdilatometrie präpariert und das Fließwegende (Grenzfläche zum Kernzug) auf Entmischungen bzw. Inhomogenitäten zwischen Metallpartikel und Binder untersucht. Die Ermittlung rheologischer Größen verschiedener Feedstocks unter Spritzgießbedingungen an Werkzeugen mit Druckaufnehmern wird in Kapitel 3.4.3 erläutert.

Spritzgießen von Halbstäben

Für den Probekörper wurde der Begriff Halbstab gewählt, da dieser der Hälfte des MIM-Zugprobestabs nach DIN EN ISO 2740 aus Abbildung 3.5 entspricht.

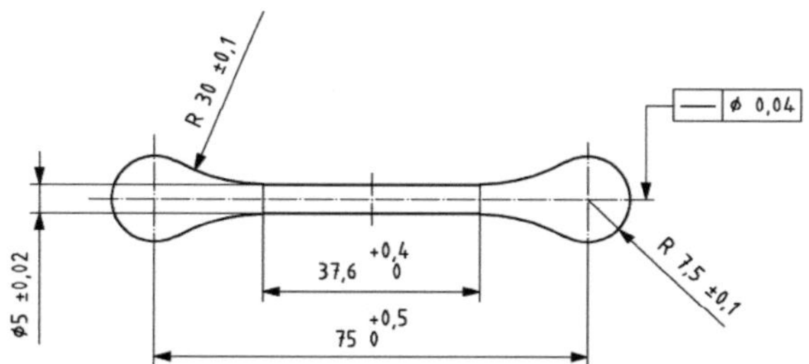

Abbildung 3.5: MIM-Zugprobestab nach DIN EN ISO 2740

Der Zugstab hat als Grünteil eine Gesamtlänge von 90 mm. Die zylindrische Messstrecke beträgt 37,6 mm und hat einen Durchmesser von 5 mm. Die Schultern des Zugstabs sind mit dem Radius R30 abgerundet.

Das Spritzgießen der Halbstäbe erfolgte auf einer Zweikomponenten-Spritzgießmaschine der Firma Arburg vom Typ Allrounder 370S 700-100. Die Maschine ist mit einem horizontal- und einer vertikalstehenden Spritzaggregat ausgestattet, welches das Spritzgießen von 2K-Probekörpern erlaubt. Für das Spritzgießen der Halbstäbe wurde ausschließlich das horizontale Aggregat benötigt, welches über eine MIM-Schnecke mit einem Durchmesser von 15 mm verfügt. Der dazugehörige Plastifizierzylinder wird über vier mit Widerstandsheizbändern beheizte Zonen temperiert.

In Abbildung 3.6 ist die auswerferseitige Hälfte des Zugstabwerkeugs mit Kernzugtechnik dargestellt. In der Mitte dieser Ansicht befindet sich der Werkzeugeinsatz mit den Angusskanälen und der Kavität, die dem Zugstab seine Form gibt. Neben dem Werkzeugeinsatz befindet sich auf beiden Seiten ein hydraulischer Kernzugzylinder. Die Kernzugtechnik ermöglicht das sequentielle Verspritzen von zwei Komponenten in eine Kavität oder, wie bei diesen Versuchen, das Spritzgießen von Halbstäben aus einer Komponente. In dieser Abbildung ist die Stellung der Kernzüge für das Spritzgießen von Halbstäben zu sehen. Auf der linken Seite ist der Zylinder des Kernzugs zurückgefahren, wodurch die Kavität zur Hälfte freigegeben wird. Die zweite Kavitätshälfte wird vom Kernzug auf der rechten Seite verschlossen. Beim Einspritzen der Masse gelangt der Feedstock von der horizontalen Spritzeinheit über den unteren Angusskanal des Werkzeugeinsatzes in die Kavität. Nach kompletter Füllung der

Kavitätshälfte (Halbstab) fährt der Kernzug zurück und das Werkzeug öffnet sich. Das Formteil und der Anguss bleiben an der auswerferseitigen Werkzeughälfte hängen und werden beim Auswerfvorgang über Auswerfer so weit aus der Kavität gedrückt, dass das Formteil noch nicht aus dem Werkzeug fällt und problemlos manuell entnommen werden kann. Die Werkzeugtemperatur betrug bei allen Versuchen 35 °C.

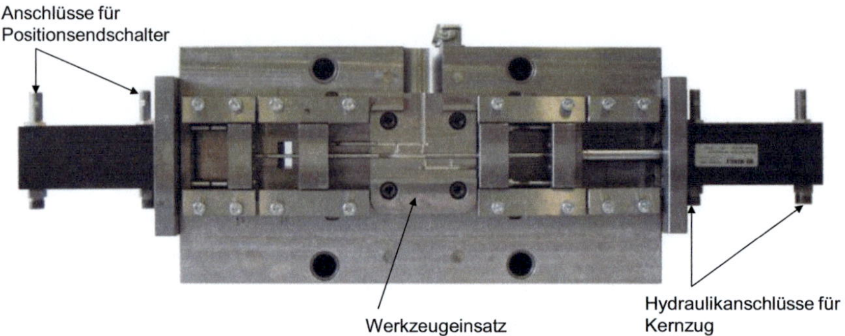

Abbildung 3.6: 2K-MIM-Zugstabwerkzeug (auswerferseitige Werkzeughälfte) mit Position der Kernzüge für das Spritzgießen von Halbstäben

Die Proben für die Dilatometermessung wurden aus dem zylindrischen Bereich des Halbstabs auf einer Drehbank präpariert. Der Durchmesser von 5 mm wurde beibehalten und die Länge der Probe auf 6 mm festgelegt. Die Untersuchung des Halbstabs auf Entmischungen wurde auf die Grenzfläche zur Werkzeugwand und zum Kernzug konzentriert. Am Fließwegende ist eine homogene Verteilung der Metallpartikel gewünscht, um nach dem Sintern eine gute Grenzflächenfestigkeit zu erhalten. Ein Mangel an Partikeln an der Grenzfläche würde sonst zu einer Schwachstelle des Bauteils führen. Die Entmischungsuntersuchung wurde mittels einer Ionenstrahlpräparation mit anschließender Auswertung von rasterelektronenmikroskopischen Aufnahmen durchgeführt und ist in Kapitel 3.3.1 erklärt.

3.2.3   Entbindern

Die Lösemittelentbinderung der Proben wurde in einem Destillator der Firma Lömi GmbH vom Typ LRA-50 durchgeführt. Die Entbinderungsdauer in Aceton betrug 1500 min bei 42°C. Nach dieser Zeit war der komplette Wachsanteil aus der Probe herausgelöst. Die anschließende thermische Entbinderung erfolgte unter Argon-Atmosphäre in einem Ofen der Firma PVA TePla AG. Der Ofen wurde mit 5 K/min auf 600 °C aufgeheizt und diese Temperatur eine Stunde gehalten. Nach der Haltezeit erfolgte die Abkühlung mit 10 K/min auf Raumtemperatur.

3.2.4 Sintern

Für die Bewertung und den Vergleich des Sinterverhaltens der Feedstocks mit unterschiedlichen Partikelgrößenverteilungen und Heizraten wurden Messungen mittels Sinterdilatometrie durchgeführt. Die Messwerte waren zudem für die Sintermodellierung erforderlich. Zusätzlich wurden einige Dilatometerproben im Sinterofen der Firma PVA TePla AG, mit dem auch die thermische Entbinderung durchgeführt wurde, gesintert, um die Vergleichbarkeit der Gefüge nach dem Sintern im Dilatometer und Sinterofen bewerten zu können. Die Sinterungen sowohl im Dilatometer als auch im PVA-Sinterofen erfolgten unter Argon-Atmosphäre.

Sinterdilatometrie

Ein Dilatometer dient zur Bestimmung der thermischen Längenänderung fester Körper [81]. Für grundlegende Untersuchungen zum Sinterverhalten ist die Kenntnis der Längenänderung, die sich während des Sinterns ergibt, wichtig. Der Verlauf der Sinterkurve in Abhängigkeit von Temperatur, Dauer, Aufheizgeschwindigkeit und Sinteratmosphäre erlaubt Rückschlüsse auf die abgelaufenen Sinterreaktionen [82].

Die Dilatometermessungen wurden mit dem Gerät TMA PT1600 der Firma Linseis Messgeräte GmbH durchgeführt. Die Längenänderung der Probe wird mit Hilfe eines Messsystems auf den Wegaufnehmer übertragen. Das Erfassen der Längenänderung erfolgt über einen hochsensiblen LVDT (Linear Variable Differtential Transformer) [83].

Bevor für ein neues Temperatur-Zeit-Profil das Sinterverhalten der zu messenden Probe bestimmt wird, muss zunächst eine Referenzmessung durchgeführt werden. Die Referenzmessung dient zur Korrektur der gerätespezifischen Eigenschaften (thermische Ausdehnung des Gestänges) des Dilatometers. Dazu wird unter Verwendung eines Kalibrierkörpers unter der gleichen Aufheizrate und Atmosphäre wie bei der späteren Probenmessung eine Referenzdatei erzeugt. Der verwendete Referenzkörper in dieser Arbeit war ein zylinderförmiger Saphir mit Länge 6 mm und Durchmesser 5 mm analog zur Dilatometerprobe. Die Anpresskraft der Schubstange zum Messen der Längenänderung auf den Prüfkörper muss so groß sein, dass eine zuverlässige Ankopplung der Übertragungselemente an den Prüfkörper gesichert ist. Andererseits darf die Anpresskraft nicht so groß sein, dass sie selbst als treibende Kraft das Sintern beeinflusst und damit eine messbare Längenänderung verursacht. Bei sämtlichen Messungen in dieser Arbeit betrug die Anpresskraft 60 mN.

Für die Sintermodellierung wurden pro Partikelgrößenverteilung Dilatometermessungen bei drei verschiedenen Temperatur-Zeit-Profilen durchgeführt. Zudem wurden die Vorhersagen des Sintermodells für zwei Temperatur-Zeit-Profile mit dem Dilatometer kontrolliert. Für jede Probe wurde zur Überprüfung der Reproduzierbarkeit mindestens eine Doppelbestimmung durchgeführt, teilweise auch eine Dreifachbestimmung. Tabelle 3.4 gibt einen Überblick über die eingesetzten Sinterprofile.

Tabelle 3.4:   Sinterprofile der Dilatometermessungen

Sinterprofile	Aufheizrate-Sintertemperatur-Haltezeit-Abkühlrate
Sinterprofil 2,5 K/min	2,5 K/min - 1280 °C - 300 min - 10 K/min
Sinterprofil 5 K/min	5 K/min - 1300 °C - 300 min - 10 K/min
Sinterprofil 10 K/min	10 K/min - 1320 °C - 300 min - 10 K/min
Sinterprofil 7,5 K/min	7,5 K/min - 1290 °C - 300 min - 10 K/min
Sinterprofil 15 K/min	15 K/min - 1330°C - 300 min - 10 K/min

Vergleichsuntersuchung im Sinterofen

Häufig erfolgt die Sinterung im direkten Anschluss an den thermischen Entbinderungsprozess ohne zwischenzeitliche Abkühlung auf Raumtemperatur. Um die Gefüge der gesinterten Proben aus dem Ofen mit denen aus der Sinterdilatometrie vergleichen zu können, wurden die Proben nach der thermischen Entbinderung allerdings erst auf Raumtemperatur abgekühlt und anschließend im Ofen analog dem Temperatur-Zeit-Profil im Dilatometer gesintert. Für die Vergleichsuntersuchung wurde exemplarisch das Sinterprofil 5 K/min aus Tabelle 3.4 verwendet.

Zusätzlich wurden sogenannte Sinterabbruchversuche an den Proben mit der Partikelgrößenverteilung 15-22 µm durchgeführt, um den Sinterfortschritt anhand der Gefüge und der Porosität beurteilen zu können. Tabelle 3.5 zeigt die verwendeten Temperatur-Zeit-Profile der Sinterabbruchversuche.

Tabelle 3.5:   Temperatur-Zeit-Profile der Sinterabbruchversuche bei Proben mit einer Partikelgrößenverteilung von 15-22 µm

Sinterabbruchversuche	Aufheizrate-Sintertemperatur-Haltezeit-Abkühlrate
Sinterprofil A	5 K/min - 1229 °C - 0 min - 10 K/min
Sinterprofil B	5 K/min - 1300 °C - 7 min - 10 K/min
Sinterprofil C	5 K/min - 1300 °C - 79 min - 10 K/min
Sinterprofil D	5 K/min - 1300 °C - 300 min - 10 K/min

3.3 Probencharakterisierung

3.3.1 Ionenstrahlpräparation spritzgegossener Grünteile

Das metallographische Ionenstrahlätzen ist eine Methode zur physikalischen Kontrastierung der Metallpartikel in der Bindermatrix. Durch Beschuss mit Teilchen (Ionen, Neutralteilchen) hoher Energie (1 - 20 keV) erfolgt ein definierter Abtrag der Festkörperoberfläche. Das Gefüge des Probekörpers wird dabei nicht verändert. Der atomare Oberflächenabtrag ist abhängig vom jeweiligen Probenmaterial und von den Parametern des Ionenstrahlätzverfahrens [84].

Die Ionenstrahlpräparation an spritzgegossenen Grünteilen wurde eingesetzt, um eventuelle Entmischungen von Partikel und Binder nach dem Spritzgießprozess feststellen zu können. Die Präparation der Probe erfolgte in der Ionenstrahlätzanlage BAL-TEC RES 101. Die rasterelektronenmikroskopischen Aufnahmen zur qualitativen Untersuchung der Lage der Metallpartikel im Grünteil wurden im Feldemissions-Rasterelektronenmikroskop NVision 40 (Carl Zeiss SMT) angefertigt. Sowohl die Ionenstrahlpräparation als auch die Gefügedokumentation wurde am Fraunhofer-Institut für Keramische Technologien und Systeme (IKTS) durchgeführt.

3.3.2 Gefüge- und Porositätsanalyse der gesinterten Proben

Mechanische Probenpräparation: Schleifen und Polieren

Nach dem Sintern im PVA-Ofen oder im Dilatometer wurden die Proben vertikal in der Mitte getrennt, in Epoxidharz eingebettet und mit SiC-Schleifpapier der Körnungen 320, 500 und 1200 bei einem Anpressdruck von 40 N geschliffen. Der Poliervorgang erfolgte mit verschiedenen Poliertüchern (Alpha 6 µm, Dac 3 µm, Mol 1 µm), dem Schmiermittel Lubrikant Green und einer SiO_2-Suspension (Chem OP-S).

Porositätsauswertung

Zur Bestimmung der Porosität wurde eine quantitative Gefügeanalyse an den geschliffenen und polierten Sinterproben unter dem Auflichtmikroskop Axioplan mit der Software Axiovision 4.8.2 von Zeiss durchgeführt. Die Pixelauflösung betrug 0,32 µm/Pixel. Bei Auswertung der Aufnahmen mit 5x5 Kacheln und einer Auflösung von 1000x1000 Pixel je Kachel ergab sich eine gemessene Fläche von ca. 2,56 mm^2. Die quantitative Ermittlung der Porosität erfolgte mit einem dafür vorgesehenen Makro. Der Segmentierungs-Schwellwert der Poren lag zwischen 165-185 in einem Grauwertbereich von 0 bis 256.

Gefügeätzung

Um eine gut sichtbare Gefügestruktur zu bekommen, wurden die Proben mit einer V2A-Beize geätzt. Dazu wurde die Probe für eine Dauer von 8-10 Sekunden unter ständiger Bewegung in die auf 45-50 °C erhitzte V2A-Beize getaucht. Abschließend wurde die Probe in ein Wasserbad gelegt, mit Ethanol gereinigt und mit einem Fön getrocknet.

3.3.3 Dichtebestimmung nach Archimedes

Die Dichte ρ wurde nach dem Archimedischen Prinzip (DIN ISO 3369) bestimmt. Die Masse der Probe wurde an Luft (m_1) und in destilliertem Wasser (m_2) mit bekannter Dichte (ρ_{Wasser}) ermittelt. Dabei ist die Masse der Probe im Wasserbad um die des verdrängten Wasservolumens scheinbar geringer. Aus den so ermittelten Werten ergibt sich die Dichte des porösen Körpers zu [82]:

$$\rho = \frac{m_1 \cdot \rho_{\text{Wasser}}}{m_1 - m_2} \tag{3.3}$$

Die auf diese Weise bestimmte Dichte ist fehlerhaft, wenn Wasser in von außen zugängliche Poren eindringen kann (offene Porosität). In diesen Fällen ist es zweckmäßig, die Masse (m_3) der Probe nach dem Eintauchen in Wasser nochmals an der Luft zu bestimmen. Daraus ergibt sich die Dichte wie folgt:

$$\rho = \frac{m_1 \cdot \rho_{\text{Wasser}}}{m_3 - m_2} \tag{3.4}$$

Die Gesamtporosität P_{ges} wird aus dem Verhältnis der Dichte des porösen Körpers ρ zu der des kompakten Materials ρ_{th} (theoretische Dichte) erhalten und üblicherweise in Prozent ausgedrückt [82]:

$$P_{\text{ges}} = \left(1 - \frac{\rho}{\rho_{\text{th}}}\right) \cdot 100 \tag{3.5}$$

3.3.4   Kohlenstoffanalyse über Trägergasheißextraktion

Die Trägergasheißextraktion ist ein sehr empfindliches thermisches Messverfahren zur Bestimmung von Kohlenstoff C, Schwefel S, Stickstoff N und Sauerstoff O in Feststoffen und Flüssigkeiten.

Ziel der Untersuchung in dieser Arbeit war es, den Kohlenstoffgehalt des Werkstoffs X65Cr13 im Ausgangspulver, nach der thermischen Entbinderung und nach dem Sintern zu ermitteln. Die Proben wurden zunächst mit Alkohol entfettet und anschließend direkt im Keramiktiegel mit Eisen- und Wolframzuschlag mit dem Gerät Leco CS 230 analysiert. Zur quantitativen Bestimmung des Kohlenstoffgehalts wird das Probenmaterial in einem sauerstoffhaltigen Trägergasstrom aufgeheizt. Die aus der Probe entstehenden Gase werden selektiv erfasst. Der Kohlenstoff wird dabei zu Kohlenstoffdioxid (CO_2) oxidiert und über die spezifische Infrarotabsorption identifiziert. Die Quantifizierung erfolgt jeweils über eine Kalibration mit zertifiziertem Referenzmaterial.

3.3.5   Röntgenbeugungsanalyse

Bei der Röntgenbeugungsanalyse (XRD; engl. X-ray diffraction) wird Röntgenstrahlung an Kristallgittern gebeugt und die gebeugte Strahlung winkelaufgelöst registriert. Die Winkelpositionen der Beugungspeaks geben Aufschluss über die vorliegenden kristallinen Verbindungen. Die Intensitäten sind proportional zu den Phasengehalten, die mit modernen, standardlosen Fitverfahren quantifiziert werden. Aus dem Vergleich der Intensitäten mit Datenbankreferenzen können Informationen über Vorzugsorientierungen (Texturen) erhalten werden. Die Peakbreiten liefern Informationen über Kristallitgröße und Gitterfehler.

In dieser Arbeit wurde die Röntgenbeugungsanalyse zur Identifizierung und Quantifizierung der Phasen im Gefüge des Werkstoffs X65Cr13 durchgeführt, um mögliche Änderungen in der Phasenzusammensetzung nach dem thermischen Entbindern und Sintern festzustellen. Dazu wurde neben den Ausgangspulvern <7 µm, 15-22 µm und 38-45 µm ein Braunteil und ein gesinterter Probekörper aus der Partikelgrößenverteilung 15-22 µm analysiert. Die Messung der Proben erfolgte an einem Röntgendiffraktometer der Firma Bruker vom Typ D8advance. Die Quantifizierung erfolgte mittels Rietveldanalyse mit dem Programm TOPAS von Bruker.

3.4 Rheometrie

Die rheologischen Eigenschaften der Feedstocks wurden sowohl in Rheometern als auch in Spritzgießwerkzeugen, die mit Druckfühlern bestückt sind, charakterisiert.

Die Bestimmung der Fließgrenze erfolgte mit einem Rotationsrheometer mit Platte-Platte Geometrie. Das Fließ- und Wandgleitverhalten wurde an zwei Hochdruck-kapillarrheometern mit spaltförmigem Fließkanal ermittelt. Die Bestückung der Schlitzkapillare mit drei bzw. fünf Druckaufnehmern ermöglichte die Erfassung des Druckverlaufs entlang des Fließkanals.

3.4.1 Bestimmung der Fließgrenze am Platte-Platte-Rheometer

Die Bestimmung der Fließgrenzen erfolgte im Rahmen einer Diplomarbeit [85] an einem Rotationsrheometer der Firma Anton Paar vom Typ MCR-502 mit dem Platte-Platte-Messsystem PP25/TG (Durchmesser 25 mm). Die Spalthöhen wurden je nach Probe zwischen 1,5 mm und 2,8 mm variiert. Um Lufteinschlüsse in der Probe zu vermeiden, wurde das Granulat zunächst zu kompakten Tabletten mit einem Durchmesser von 25 mm (entsprechend Rheometergeometrie) gepresst. Anschließend wurde die Tablette auf die beheizte Platte des Rheometers gelegt und über den axial verschiebbaren Stempel der oberen Platte auf die gewünschte Dicke eingestellt. Die Messungen erfolgten schubspannungsgesteuert (CSS) bis zu einer maximalen Schubspannung von 7500 Pa bei den Feedstocks mit den Volumenfüllgraden 58 % und 63 % und bis 10000 Pa bei dem Feedstock mit Volumenfüllgrad 68 %. Die Temperatur der Platten betrug 135 °C entsprechend der Massetemperatur der Feedstocks beim Spritzgießen. Es wurde jeweils eine Doppelbestimmung durchgeführt.

3.4.2 Rheologische Messungen an Hochdruckkapillarrheometern

Für die Untersuchung des Einflusses verschiedener Partikelgrößenverteilungen und Füllgrade auf das Fließverhalten von Feedstocks wurde ein im Selbstbau modifiziertes Hochdruckkapillarrheometer der Firma Göttfert vom Typ 2001 eingesetzt. Die Messungen fanden im Versuchstechnikum des Instituts für Mechanische Verfahrenstechnik und Mechanik am Karlsruher Institut für Technologie statt [85]. Der Durchmesser des temperierbaren Vorlagekanals betrug 15 mm. Die Messungen erfolgten bei einer Temperatur von 135 °C. Die Schlitzdüse wies eine Länge von 100 mm und eine Breite von 10 mm auf. Die Höhe des Messspaltes konnte durch Einsätze variiert werden. Zur Korrektur des Wandgleitens nach Mooney wurden zusätzlich zu Messungen mit einem 1 mm hohen Spalt auch Messungen mit Spalthöhen von 0,8 mm und 1,3 mm durchgeführt. Die Druckmessung erfolgte über fünf DMS-Druckaufnehmer entlang des Kanals, die 92,7 mm, 72,6 mm, 52,6 mm, 37,6 mm und 7,6 mm vom Düsenausgang entfernt positioniert waren. Vor der Montage der Aufnehmer wurde eine geringe Menge des Silikongels BW400 der Firma Wacker Chemie GmbH in das sogenannte „pressure-hole" gefüllt. Durch die Füllung mit Silikongel ist gewährleistet, dass die Masse durch einen glatten Spalt fließen kann und es zu keinem Lufteinschluss zwischen Membran und Bohrung kommt. Mit Hilfe der Gleichung (2.32) konnte aus den gemessenen Drücken und der Geometrie des Rechteckkanals die Schubspannung berechnet werden. Aus den vorgegebenen Volumenströmen und der Kanalgeometrie ergab sich über Gleichung (2.33) die scheinbare Scherrate. Die Reproduzierbarkeit der Messungen wurde mit jedem Feedstock durch zwei Wiederholungsmessungen bestätigt.

Die Untersuchung des Fließ- und Wandgleitverhaltens zweier Feedstockmassen mit und ohne zusätzlichen Dispergator erfolgte an einem Hochdruckkapillarrheometer des Typs Rheograph 75 im Versuchslabor der Firma Göttfert Werkstoff-Prüfmaschinen GmbH. Der Vorlagekanal des Rheometers wies einen Durchmesser von 15 mm auf. Die verwendete Schlitzkapillare mit einer Länge von 100 mm, einer Breite von 10 mm und einer Höhe von 1 mm verfügte über drei Druckaufnehmer (DMS-Prinzip). Die Druckmessung erfolgte bei Temperaturen von 135 °C und 100 °C an drei Messstellen entlang des Fließkanals (75 mm, 50 mm, und 25 mm vom Ausgang der Schlitzkapillare entfernt). Über unterschiedliche Kolbengeschwindigkeiten wurden Volumenströme von 1,67 mm^3/s bis 1666,7 mm^3/s angefahren, denen scheinbare Scherraten von 1 s^{-1} und 1000 s^{-1} entsprechen. Im Gegensatz zu den Messungen am Karlsruher Institut für Technologie wurde das pressure-hole zu Beginn der Messung mit Feedstock und nicht mit Silikongel gefüllt.

3.4.3 Rheologische Charakterisierung im Spritzgießwerkzeug

Für die rheologische Charakterisierung verschiedener Feedstockzusammensetzungen kamen ein „Zickzack"- und ein Fließspiralwerkzeug, die mit Drucksensoren ausgestattet waren, zum Einsatz. Dabei wurden mit jeweils drei piezoelektrischen Druckaufnehmern die Forminnendruckverläufe bei unterschiedlichen Einspritzvolumenströmen registriert. Die Spritzgießversuche wurden jeweils an einer Allrounder C320 600-100 der Firma Arburg durchgeführt. Die Massetemperatur im Zylinder betrug 135°C und die Werkzeugtemperatur 35 °C.

Zickzack-Werkzeug

Das Zickzack-Werkzeug mit der in Abbildung 3.7 dargestellten Kavität wurde ursprünglich konzipiert, um an Massen für den Metallpulverspritzguss das Entmischungsverhalten an Umlenkstellen zu untersuchen. In dieser Arbeit wurden mit dem Werkzeug zwei MIM-Feedstocks (mit und ohne zusätzlichen Dispergator) hinsichtlich ihres Fließ- und Wandgleitverhaltens unter Spritzgießbedingungen charakterisiert.

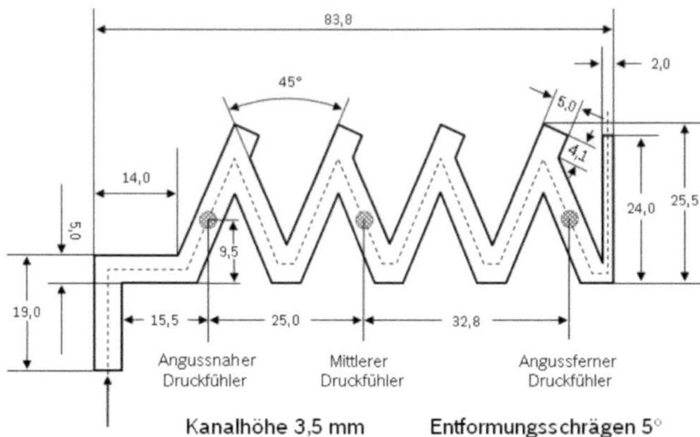

Abbildung 3.7: Abmessungen und Position der Druckfühler bei der Zickzack-Kavität

Der leicht trapezförmige Querschnitt des Fließkanals (Entformungsschräge 5°) ermöglichte es, das Werkzeug entlang des Fließwegs mit drei piezoelektrischen Druckfühlern auszurüsten. Die Auswertung der Drücke des angussnahen (p_{DA1}) und mittigen Druckfühlers (p_{DA2}) erfolgte jeweils zum Zeitpunkt des Ansprechens des angussfernen Druckfühlers (p_{DA3}). Über die Druckdifferenz (p_{DA1}-p_{DA2}), die Länge (L = 68 mm) des Fließkanals zwischen dem angussnahen und mittleren Druckfühlern und der Kanalhöhe (H = 3 mm) konnte nach Gleichung (2.32) die Wandschubspannung berechnet werden. Aus den Einspritz-Volumenströmen, der Kanalbreite (B = 4,5 mm) und -höhe wurde die scheinbare Scherrate (Gleichung (2.33)) ermittelt.

Fließspiral-Werkzeug

Über Druckmessungen während des Einspritzens in eine spiralförmige Kavität sollte das Fließ- bzw. Gleitverhalten von den Feedstocks mit unterschiedlichen Partikelgrößenverteilungen und Füllgraden verglichen werden. Die Kavität hatte eine Kanalhöhe von 2,2 mm, eine Breite von 6,8 mm und der Abstand zwischen den Druckaufnehmern p_{DA1} und p_{DA2} betrug 34 mm.

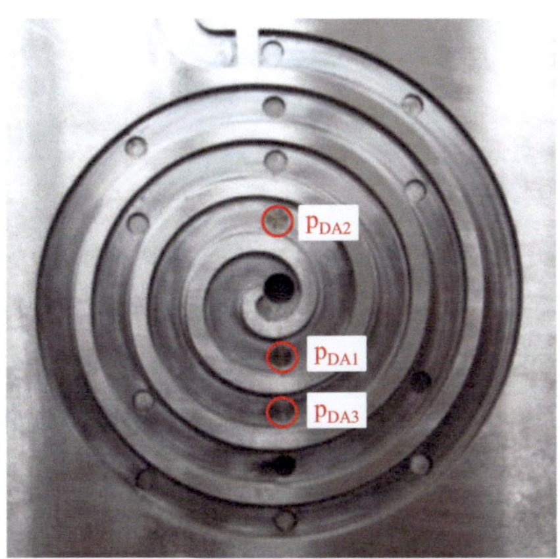

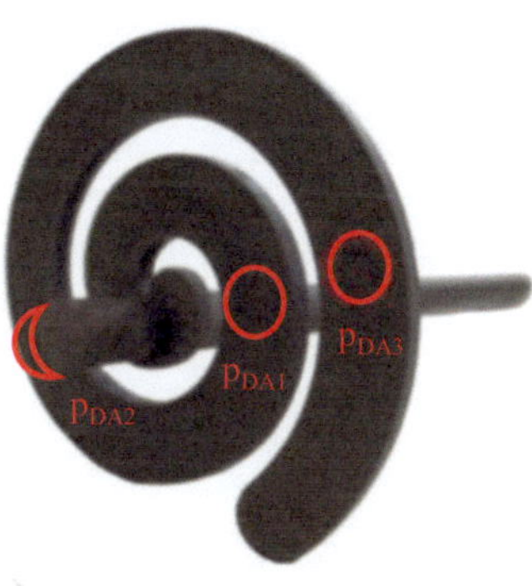

Abbildung 3.8: Fließspiralkavität (links) und Grünteil (rechts) mit Kennzeichnung der Positionen der Druckaufnehmer (p_{DA1}, p_{DA2}, p_{DA3}) [85]

Die eingespritzte Masse tritt zentral in die Fließspirale ein und strömt entlang des Kanals über die Druckaufnehmer. Die Vorgehensweise zur Erfassung der Druckwerte und zur Berechnung der Schubspannungen und scheinbaren Scherraten entspricht der bei den Versuchen an dem Zickzack-Werkzeug. Zusätzlich wurden nach Gleichung (2.24) die scheinbaren Viskositäten bestimmt.

4 Ergebnisse

4.1 Analyse der Partikelgrößenverteilungen

Die Kontrolle der Partikelgrößen der extern bezogenen Pulverfraktionen erfolgte über eine Partikelgrößenanalyse. Um zu überprüfen, ob die durch Mischen hergestellten Verteilungen der Berechnung entsprechen, wurden die Mischungen ebenfalls einer Partikelgrößenmessung unterzogen. Als Ergebnis lagen zunächst die relativen Häufigkeiten m_i/m_{ges} in der jeweiligen Partikelklassenbreite Δx_i vor. Über die Gleichungen (2.4) und (2.5) wurden diese in die Verteilungsdichte- und Verteilungssummenwerte umgewandelt.

4.1.1 Ausgangsfraktionen

In Abbildung 4.1 sind die stetigen Verläufe der Dichte- und Summenverteilung der Ausgangsfraktionen nach der Partikelgrößenanalyse dargestellt. Die charakteristischen Durchmesser x_{10}, x_{50}, x_{90} und die massenspezifische Oberläche S_M wurden bei der Partikelgrößenmessung von der Auswertesoftware direkt ausgegeben. Die Verteilungsbreite σ wurde aus den Messwerten nach Gleichung (2.10) berechnet. Tabelle 4.1 zeigt, dass die Verteilungsbreite σ mit zunehmender mittlerer Partikelgröße deutlich abnimmt. Damit einhergehend nähern sich die Pulverfraktionen einer monomodalen Verteilung an und der maximal erreichbare Füllgrad sinkt. Um dennoch eine gute Verarbeitbarkeit der aufbereiteten Feedstocks zu gewährleisten, wurde einheitlich ein Füllgrad c_V von 58 Vol.-% eingestellt. Die volumenspezifische Oberfläche S_V lässt sich aus der Gleichung (2.11) berechnen.

Tabelle 4.1: Charakteristische Verteilungswerte und spezifische Oberflächen der Ausgangsfraktionen

Feedstock	x_{10} [μm]	x_{50} [μm]	x_{90} [μm]	σ [-]	S_M [m²/g]	c_V [%]	S_V [m²/m³]
<7 μm	3,0	5,1	8,7	0,44	1,27	58	$7{,}78\cdot10^6$
7-15 μm	6,9	10,8	17,1	0,37	0,59	58	$3{,}57\cdot10^6$
15-22 μm	11,4	16,4	23,7	0,30	0,38	58	$2{,}30\cdot10^6$
22-32 μm	17,7	24,7	34,6	0,27	0,25	58	$1{,}51\cdot10^6$
32-38 μm	27,8	38,0	51,6	0,25	0,16	58	$0{,}98\cdot10^6$
38-45 μm	32,9	44,8	60,5	0,25	0,14	58	$0{,}83\cdot10^6$

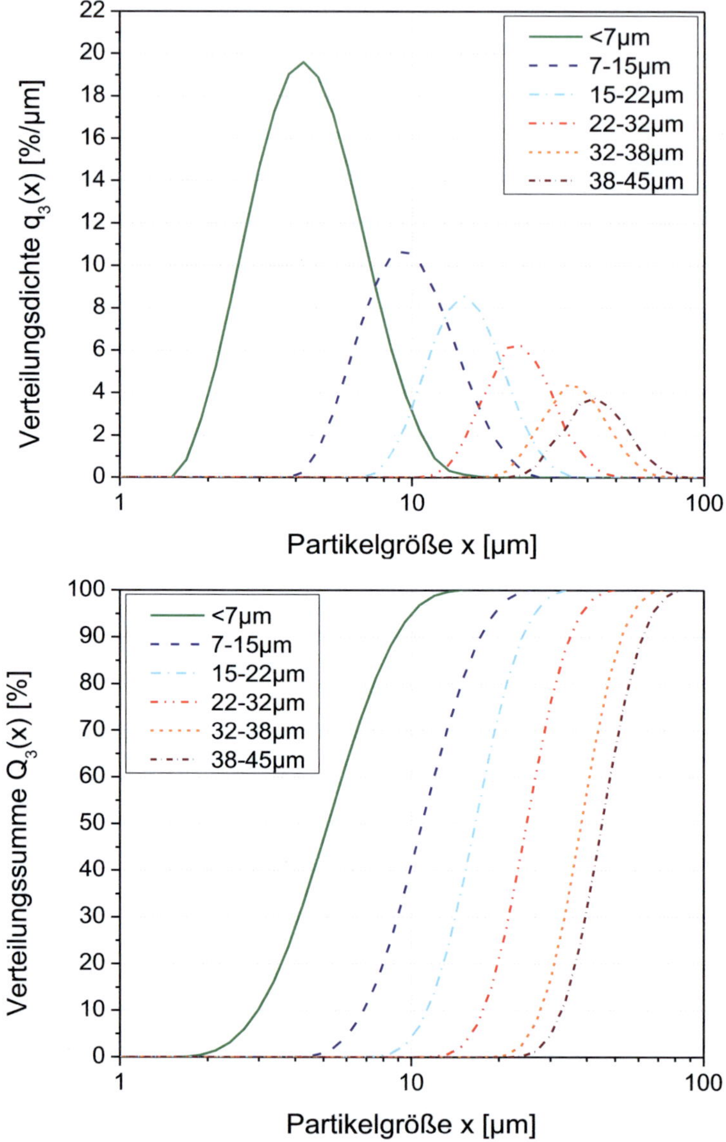

Abbildung 4.1: Gemessene Verteilungsdichte und Verteilungssumme der Ausgangsfraktionen

4.1.2   Gemischte Pulververteilungen aus Ausgangsfraktionen

In Abbildung 4.2 ist die Verteilungssumme nach der Messung dargestellt. Die Verteilungen mit einer mittleren Partikelgröße x_{50} von 22 µm und unterschiedlicher Verteilungsbreite σ schneiden sich, wie zu erwarten, im Wendepunkt. Je enger die Verteilungsbreite σ ist, desto steiler ist der Anstieg der Kurve. Umgekehrt sind die Verteilungen mit variierendem x_{50} und konstantem σ vom Verlauf her identisch und nur auf der x-Achse verschoben.

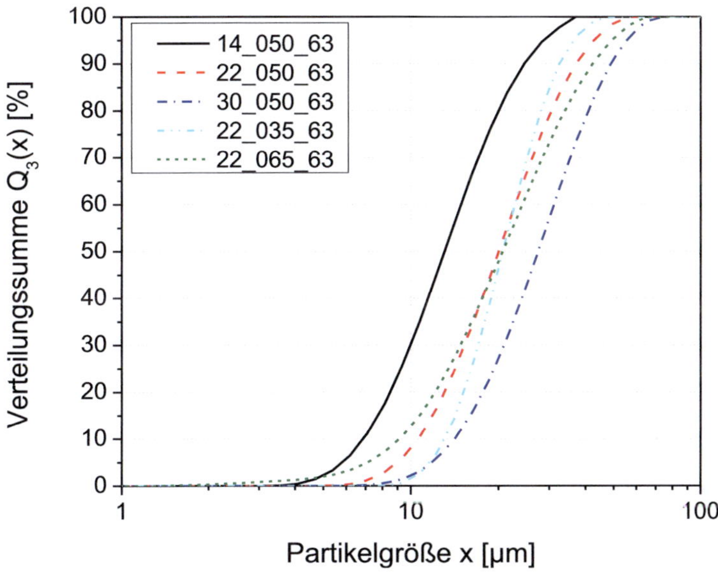

Abbildung 4.2: Gemessene Verteilungssumme der gemischten Pulververteilungen

Der Vergleich zwischen den für die einzelnen Pulvermischungen berechneten und gemessenen Werten in Tabelle 4.2 zeigt zudem eine gute Übereinstimmung. Die Feedstocks 22_050_58 und 22_050_68 besitzen dieselbe Partikelgrößenverteilung wie Feedstock 22_050_63.

Durch die Partikelgrößenanalyse konnte somit bestätigt werden, dass die aus verschiedenen Partikelgrößenverteilungen aufbereiteten Mischungen den vorgegebenen Partikelgrößenverteilungen sehr nahe kommen.

Tabelle 4.3 enthält neben der mittleren Partikelgröße und der Verteilungsbreite weitere charakteristischen Werte der berechneten Pulvermischungen analog zur Tabelle 4.1 für die Ausgangspulver.

Es ist zu erkennen, dass sich die massenspezifische Oberfläche S_M der Pulververteilungen mit variierender mittlerer Partikelgröße x_{50} aber konstanter Verteilungsbreite σ deutlich voneinander unterscheiden. Im Gegensatz dazu sind die massenspezifischen Oberflächen S_M bei variierender Verteilungsbreite σ, aber konstanter mittlerer Partikelgröße x_{50}, mit 0,29 m^2/g, 0,31 m^2/g und 0,35 m^2/g ähnlich.

Tabelle 4.2:   Vergleich der berechneten mit den gemessenen Werten der gemischten Pulververteilungen

Feedstock	x_{50} berechnet	x_{50} gemessen	σ berechnet	σ gemessen
14_050_63	14,0 µm	13,5 µm	0,50	0,51
22_050_63	22,0 µm	21,4 µm	0,50	0,50
30_050_63	30,0 µm	29,3 µm	0,50	0,52
22_035_63	22,0 µm	21,8 µm	0,35	0,36
22_065_63	22,0 µm	22,1 µm	0,65	0,63

Tabelle 4.3:   Charakteristische Verteilungskenngrößen und spezifische Oberflächen der gemischten Pulververteilungen

Feedstock	x_{10} [µm]	x_{50} [µm]	x_{90} [µm]	σ [-]	S_M [m^2/g]	c_v [%]	S_V [m^2/m^3]
14_050_63	7,0	13,5	24,8	0,51	0,53	63	3,04·10^6
22_050_63	11,5	21,4	39,0	0,50	0,31	63	1,91·10^6
30_050_63	15,2	29,3	52,2	0,52	0,24	63	1,41·10^6
22_035_63	13,9	21,8	34,0	0,36	0,29	63	1,76·10^6
22_065_63	9,8	22,1	45,2	0,63	0,35	63	1,99·10^6

4.2   Sinterverhalten

4.2.1   Sinterdilatometrie

Das Sinterverhalten der Feedstocks mit unterschiedlichen Partikelgrößenverteilungen wurde anhand von Dilatometermessungen bei verschiedenen Temperatur-Zeit-Profilen miteinander verglichen. Die Messwerte stellten zudem die Basis für die Sintermodellierung dar. Da Wasserstoff als Sinteratmosphäre zu einer Abkohlung der X65Cr13-Pulver führt, wurde eine Argon-Atmosphäre verwendet.

Sinterverhalten der Ausgangspulverfraktionen

Die aus den sechs Ausgangspulververteilungen des Werkstoffs X65Cr13 aufbereiten Feedstocks wiesen alle einen Füllgrad von 58 Vol.-% auf. Abbildung 4.3 zeigt das Schwindungsverhalten dieser sechs Feedstocks bei einer Heizrate von 5 K/min und einer Sinter-Haltetemperatur von 1300 °C. Gut zu erkennen ist die Umwandlung der kubisch-raumzentrierten α-Phase in die kubisch-flächenzentrierte γ-Phase bei ca. 800°C.

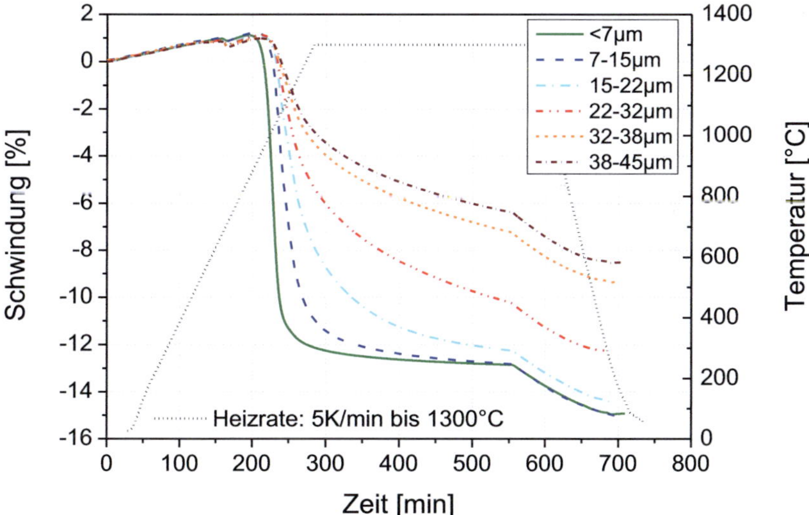

Abbildung 4.3: Sinterverhalten unterschiedlicher Ausgangspartikelgrößenverteilungen X65Cr13 bei gleichem Temperatur-Zeit-Profil (Aufheizen mit 5 K/min auf 1300 °C, Temperatur-Haltezeit 5 Stunden, Abkühlen mit 10 K/min)

Zunächst wird deutlich, dass der Gesamtschrumpf mit zunehmender Partikelgröße abnimmt. Zwischen der feinsten (<7 µm) und der gröbsten (38-45 µm) Partikelgrößenverteilung beträgt die Differenz der Sinterschwindung ca. 6 %. Zudem zeigt sich ein deutlicher Zusammenhang zwischen Partikelgröße und der Sintergeschwindigkeit. Je kleiner die Partikelgröße, umso höher ist die Schwindungsrate, was sich an den Steigungen der Kurvenverläufe nach Sinterbeginn erkennen lässt. Zudem beginnen feine Pulver bereits bei niedrigeren Temperaturen zu sintern. Das beschriebene Verhalten liegt darin begründet, dass mit abnehmender Partikelgröße die spezifische Oberfläche und damit die Triebkraft des Sinterprozesses ansteigt.

In Abbildung 4.4 ist der Verlauf der Sinterschwindung über der Temperatur für die unterschiedlichen Partikelgrößenverteilungen bei drei verschiedenen Aufheizraten dargestellt. Mit abnehmender Heizrate verschiebt sich der Sinterbeginn für alle untersuchten Partikelgrößen zu niedrigeren Temperaturen. Der Einfluss des Temperatur-Zeit-Profils auf den Gesamtschrumpf steigt mit zunehmender Partikelgröße. Hierbei führt eine Erhöhung der Heizrate verbunden mit einer gleichzeitigen Anhebung der Haltetemperatur zu einem größeren Gesamtschrumpf. Während bei der Partikelgrößenverteilung <7 µm die Sinterschwindungen am Ende der Temperatur-Haltezeit bei allen drei Temperaturprofilen annähernd deckungsgleich liegen, beträgt die Differenz bei 38-45 µm ca. 1 %.

Offensichtlich lässt sich das Sinterverhalten sowohl über das Temperatur-Zeit-Profil als auch über die Partikelgrößenverteilung gezielt variieren, wobei die Partikelgrößenverteilung den stärkeren Einfluss hat.

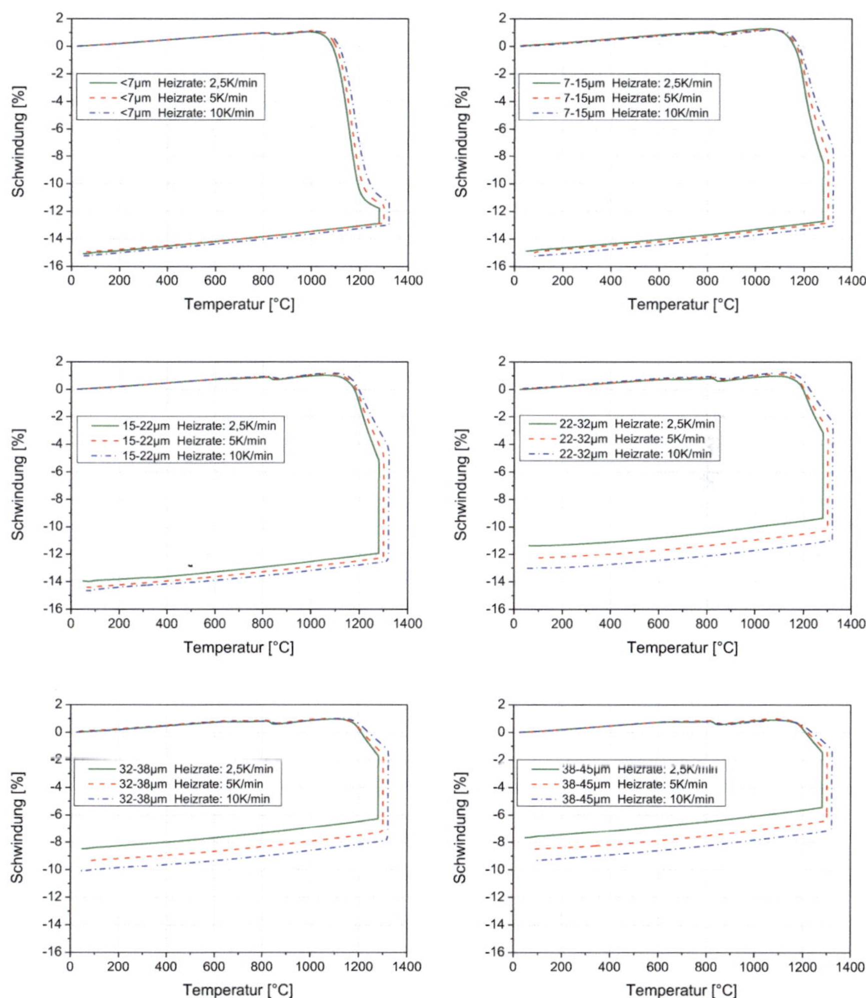

Abbildung 4.4: Sinterverhalten der Ausgangspartikelgrößenverteilungen X65Cr13 in Abhängigkeit des Temperatur-Zeit-Profils

Sinterverhalten der gemischten Pulververteilungen aus Ausgangsfraktionen

Die in Abbildung 4.3 betrachteten Ausgangspartikelgrößenverteilungen unterscheiden sich sowohl bezüglich der mittleren Partikelgröße x_{50} als auch in der Verteilungsbreite σ. Um den Einfluss beider Kennwerte getrennt voneinander bewerten zu können, ist in Abbildung 4.5 das Sinterverhalten von Feedstocks mit unterschiedlicher mittlerer Partikelgröße x_{50} bei konstanter Verteilungsbreite σ dargestellt und umgekehrt.

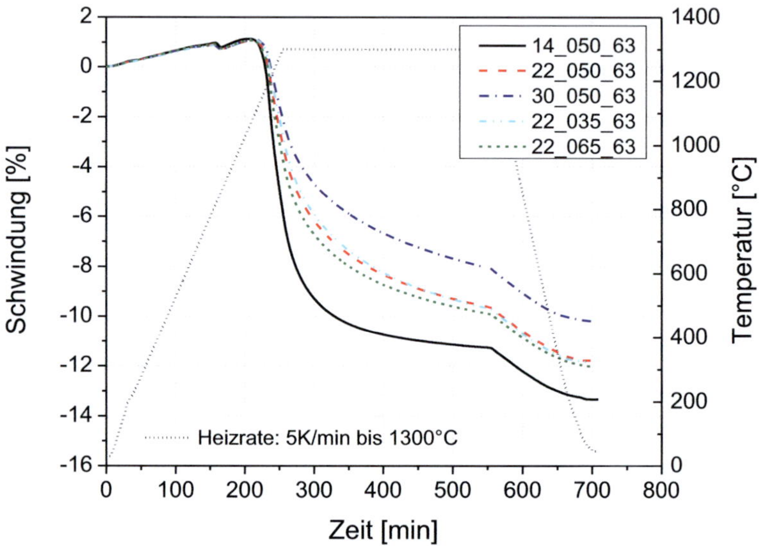

Abbildung 4.5: Sinterverhalten in Abhängigkeit der eingestellten Partikelgrößenverteilungen (charakterisiert durch x_{50} (erste Zahl) und σ (zweite Zahl))bei gleichem Temperatur-Zeit-Profil (Aufheizen mit 5 K/min auf 1300 °C, Temperatur-Haltezeit 5 Stunden, Abkühlen mit 10 K/min)

Es zeigt sich, dass sich Feedstocks mit konstanter Verteilungsbreite σ und variierender mittlerer Partikelgröße x_{50} deutlich in der Schwindungsrate und im Gesamtschrumpf unterscheiden. Hingegen hat bei konstantem mittleren Durchmesser die Variation der Verteilungsbreite nur geringen Einfluss auf das Sinterverhalten. Die drei Sinterkurven mit x_{50} = 22 μm, jedoch unterschiedlichen Verteilungsbreiten, liegen sehr dicht beieinander. Die Schwindungsrate und der Gesamtschrumpf lassen sich offensichtlich vor allem durch die Wahl der Partikelgröße x_{50} gezielt variieren. Dies erklärt sich wiederum durch Betrachtung der spezifischen Oberflächen aus Tabelle 4.3. Partikelgrößenverteilungen mit variierender Partikelgröße und konstanter Verteilungsbreite unterscheiden sich deutlich bezüglich ihrer spezifischen Oberfläche. Hingegen sind die spezifischen Oberflächen der Pulververteilungen mit konstanter mittlerer Partikelgröße und unterschiedlicher Verteilungsbreite sehr ähnlich.

4.2.2 Kohlenstoffanalyse

Der Kohlenstoffgehalt der gesinterten Proben der sechs Ausgangspartikelgrößenverteilungen (Tabelle 4.4) wurde mittels Trägergasheißextraktion gemessen.

Tabelle 4.4: Ermittelte Kohlenstoffgehalte in Gew.-% verschiedener Partikelgrößenverteilungen

< 7 µm	7-15 µm	15-22 µm	22-32 µm	32-38 µm	38-45 µm
0,59	0,61	0,62	0,62	0,62	0,63

Tendenziell nimmt der Kohlenstoffgehalt mit abnehmender Partikelgröße leicht ab. Im Mittel ergibt sich für die untersuchten Proben nach dem Sintern ein Kohlenstoffgehalt von 0,61 Gew.-%. Zusätzlich wurde der Kohlenstoffgehalt der Ausgangspulver und der thermisch entbinderten Proben von den Partikelgrößenverteilungen 15-22 µm und 38-45 µm bestimmt. Der Kohlenstoffgehalt des Ausgangspulvers und der thermisch entbinderten Proben beträgt 0,69 Gew.-%. Die Verringerung des Kohlenstoffgehalts während des Sinterns erklärt sich durch die Reaktion des Kohlenstoffs mit den Metalloxiden auf der Pulveroberfläche zu Kohlenstoffmonoxid (CO).

In Vorversuchen wurde festgestellt, dass Wasserstoff als Sinteratmosphäre den X65Cr13-Pulvern bis zu 0,47 Gew.-% Kohlenstoff entzieht. Durch eine Argon-Atmosphäre konnte somit die maximale Kohlenstoffabnahme auf 0,1 Gew.-% begrenzt werden.

4.2.3 Phasenzusammensetzung

Die Phasenzusammensetzung wurde an Proben der Partikelgrößenverteilung von 15-22 µm durch Röntgenbeugung am Ausgangspulver, nach dem thermischen Entbinderungsprozess und nach dem Sintern ermittelt. Zusätzlich wurden die Phasenanteile des feinsten (<7 µm) und gröbsten (38-45 µm) Ausgangspulvers analysiert. In Tabelle 4.5 sind die quantifizierten Phasenanteile in Gew.-% angegeben. Die Nachweisgrenzen für die Phasenanteile wurden auf etwa 0,5 Gew.-% abgeschätzt. Andere als die in der Tabelle angegebenen Phasen konnten nicht gefunden werden.

Tabelle 4.5: Phasenanteile (in Gew.-%) verschiedener Proben und Behandlungszustände

Probe	α-Fe	γ-Fe	$(Cr,Fe)_7C_3$
Pulver < 7 µm	19	81	< 0,5*)
Pulver 38-45 µm	5	95	< 0,5*)
Pulver 15-22 µm	6	94	< 0,5*)
Therm. Entbindert 15-22 µm	94	< 0,5*)	6
Gesintert 15-22 µm	72	28	< 0,5*)

*) unterhalb der Nachweisgrenze

Phasenzusammensetzung der Ausgangspulver

Bei der Phasenzusammensetzung der Ausgangspulver überwiegt deutlich der Anteil an γ-Eisen. Dennoch zeigt das Pulver < 7 µm im Vergleich zu den Pulvern 15-22 µm und 38-45 µm einen deutlich höheren Anteil an α-Eisen. Der Verdüsungsprozess erfolgt unter prozesstechnischen Bedingungen, die der Pulverhersteller nicht bekannt gibt. Dies erschwert eine Interpretation der Ergebnisse. Den Messwerten nach zu urteilen, hat die Partikelgröße einen Einfluss auf die Phasenzusammensetzung bei der Herstellung der Pulver durch Verdüsung. Die unterschiedlichen Phasenanteile in den Ausgangspulvern (Tabelle 4.5) scheinen in der Abkühlgeschwindigkeit begründet zu sein. Feinere Partikelgrößenverteilungen weisen eine größere spezifische Oberfläche auf und kühlen damit schneller ab als gröbere Pulververteilungen. Zudem haben die feinen Partikel eine geringere Masse, verbleiben länger im Gasstrom und haben dadurch mehr Zeit rasch abzukühlen bevor sie sich auf den Pulverhaufen der Verdüsungsanlage treffen und in diesem nur noch langsam abkühlen. Die raschere Abkühlung der feinen Pulverteilchen könnte die Ausbildung einer α-Phase begünstigen.

Phasenzusammensetzung nach dem thermischen Entbindern

Während der thermischen Entbinderung der Pulver bei 600 °C diffundieren Kohlenstoffatome aus dem kubisch-flächenzentrierten Gitter des γ-Eisens. Aus Tabelle 4.5 geht hervor, dass sich nach dem Entbindern hauptsächlich α-Eisen (94 Gew.-%) gebildet hat. Ein Anteil von 6 Gew.-% wurde als Karbide $(Cr,Fe)_7C_3$ ausgeschieden. Mit Hilfe der Röntgenbeugungsanalyse konnte zudem über die Linienbreite im Diffraktogramm festgestellt werden, dass die deutliche Menge an Gitterfehlern, die in den Ausgangspulvern vorhanden sind, bei der thermischen Entbinderung weitestgehend ausheilen. Neben der spezifischen Oberfläche führen auch Gitterfehler zu einer Abweichung vom Zustand des thermodynamischen Gleichgewichts [86]. Durch das Ausheilen der Gitterfehler während der thermischen Entbinderung sinkt die Sinteraktivität der Pulver.

Phasenzusammensetzung nach dem Sintern

In der Aufheizphase des Sinterprozesses wandelt sich α-Eisen unabhängig von der Partikelgröße bei einer Temperatur von ca. 800 °C in γ-Eisen um. Diese Phasenumwandlung ist mit einer Dichtezunahme verbunden, die in den Schwindungskurven der Sinterdilatometrie (Abbildung 4.3) gut zu erkennen ist. Bei den verwendeten Sinterhaltetemperaturen von 1280 °C, 1300 °C und 1320 °C und einer Haltedauer von 300 min befindet sich der Werkstoff X65Cr13 unabhängig von der Partikelgröße im Austenitbereich. Im Laufe der Abkühlung mit 10 K/min auf Raumtemperatur wandelt das Gefüge größtenteils in α-Eisen (72 Gew.-%) um. Es verbleibt ein Anteil nach dem Sintern von 28 Gew.-% Restaustenit. Eine ausgeprägte Phasenumwandlung von γ- in α-Eisen ist in den Abkühlungsskurven der Sinterdilatometrie nicht zu erkennen.

4.2.4 Gefügeausbildung

Gefüge der sechs Ausgangspulverfraktionen nach dem Sintern

Die lichtmikroskopischen Gefügeaufnahmen in Abbildung 4.6 verdeutlichen den extremen Einfluss der Partikelgröße auf das Sinterverhalten. Während die feinen Pulverfraktionen (Abbildung 4.6 a-c) auf Dichten von 90 % und höher sintern, lassen sich bei den gröberen Verteilungen noch die Ausgangspartikel erkennen. Für die Partikelgrößenverteilungen 32-38 µm und 38-45 µm haben sich lediglich Sinterhälse ausgebildet.

Bei allen sechs Partikelgrößenverteilungen wurde nach dem Sintern unter dem Mikroskop eine grobe Martensitnadelstruktur mit Restaustenitanteilen (helle Bereiche im Korn) beobachtet. Für die Partikelgrößenverteilung 15-22 µm wurde in Kapitel 4.2.3 über Röntgenbeugung ein Martensitanteil von 72 Gew.-% und ein Austenitanteil von 28 Gew.-% ermittelt.

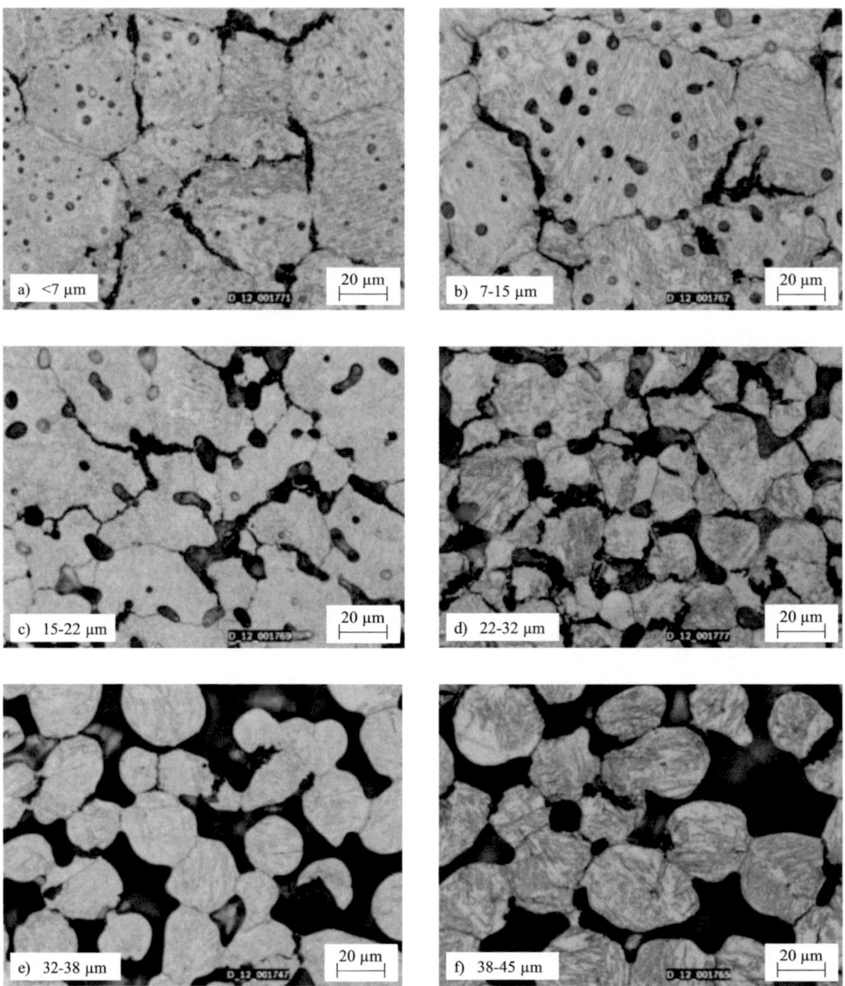

Abbildung 4.6: Lichtmikroskopische Gefügeaufnahmen von sechs verschiedenen Partikelgrößenverteilungen unter gleichen Sinterbedingungen (5K/min-1300°C-300min-10K/min)

Gefüge der Sinterabbruchversuche

Abbildung 4.7 zeigt die Entwicklung des Gefüges während des Sinterns für die
Partikelgrößenverteilung 15-22 µm in Sinterabbruchversuchen. Während in der Aufheizphase bei 1229 °C (Aufnahme a), beziehungsweise nach einer Haltezeit von

7 Minuten bei der Sintertemperatur 1300 °C (Aufnahme b), die einzelnen Partikel und ihre Sinterhälse noch deutlich zu erkennen sind, sind die Partikel nach einer Haltezeit von 79 Minuten (Aufnahme c) bereits weitestgehend zusammengewachsen. Nach einer Haltezeit von 300 Minuten bei 1300 °C (Aufnahme d) sind die Körner deutlich gewachsen. Innerhalb dieser Körner haben sich runde Poren ausgebildet.

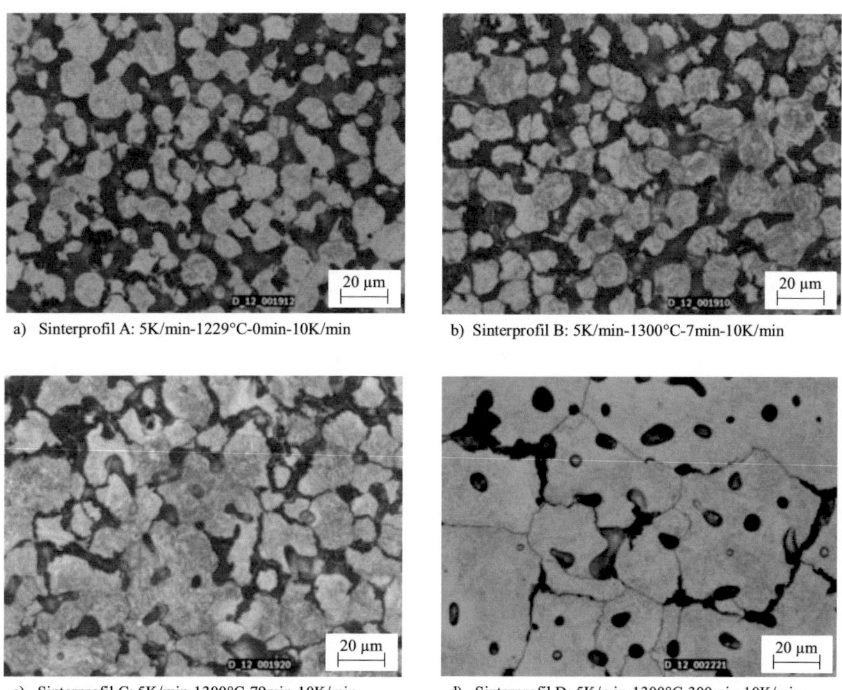

a) Sinterprofil A: 5K/min-1229°C-0min-10K/min

b) Sinterprofil B: 5K/min-1300°C-7min-10K/min

c) Sinterprofil C: 5K/min-1300°C-79min-10K/min

d) Sinterprofil D: 5K/min-1300°C-300min-10K/min

Abbildung 4.7: Lichtmikroskopische Gefügeaufnahmen der Partikelgrößenverteilung 15-22 µm im zeitlichen Sinterverhalten mit Dichten von 73 % (a), 81 % (b), 86 % (c) und 89 % (d) bestimmt über eine Quantitative Gefügeanalyse (QGA)

Vergleich der Gefüge im Dilatometer und im Sinterofen

Abbildung 4.8 zeigt exemplarisch die gute Übereinstimmung der Gefüge von Proben aus der Sinterdilatometrie und dem Sinterofen anhand von lichtmikroskopischen Aufnahmen für die Partikelgrößenverteilungen 15-22 µm und 38-45 µm. Quantitativ wird diese Übereinstimmung durch den Vergleich der Restporositäten bestätigt. In Tabelle 4.6 sind die Restporositäten der Partikelgrößenverteilungen 15-22 µm und 38-45 µm nach dem Sintern im Dilatometer und Sinterofen gegenübergestellt. Neben der

Bestimmung über eine Quantitative Gefügeanalyse (QGA) wurden die Rest-
porositäten der Proben nach der Archimedes-Methode ermittelt. Versuche mit einem
direkt an die thermische Entbinderung anschließenden Sintern im Ofen ohne den
Zwischenschritt der Abkühlung auf Raumtemperatur haben hingegen gezeigt, dass die
Proben eine höhere Enddichte nach dem Sintern erreichten und somit nicht mit den
Proben nach der Messung im Dilatometer vergleichbar waren.

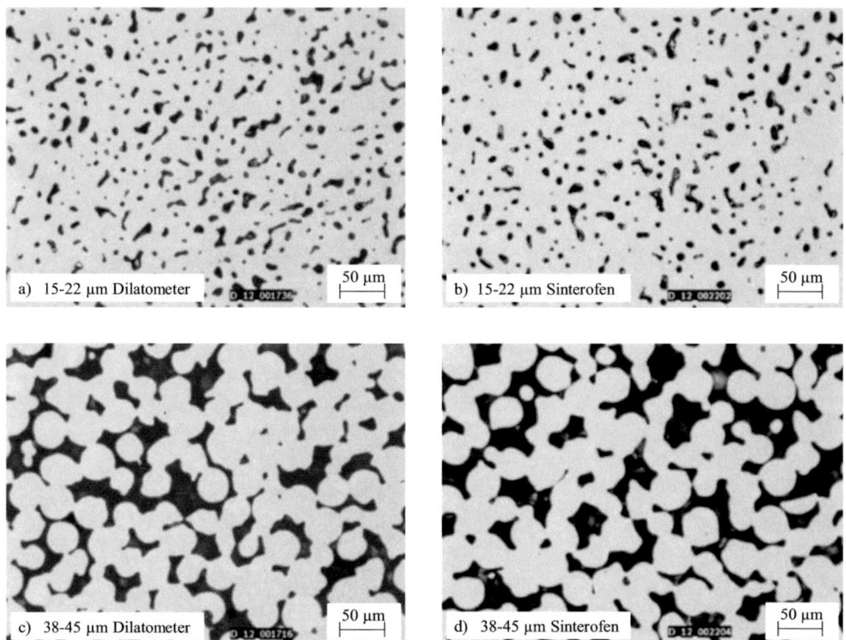

Abbildung 4.8: Lichtmikroskopische Gefügeaufnahmen gesinterter Proben im Dilatometer und
Sinterofen der Partikelgrößenverteilungen 15-22 µm und 38-45 µm unter identischen Sinterbedingungen (5 K/min - 1300 °C - 300 min - 10 K/min / Argon)

Tabelle 4.6:　　Restporositäten gesinterter Proben im Dilatometer und Sinterofen der
Partikelgrößenverteilungen 15-22 µm und 38-45 µm bestimmt über eine Qualita-
tive Gefügeanalyse (QGA) und nach Archimedes

Probe	QGA [%]	Archimedes [%]
15-22 µm Dilatometer	11,9	12,0
15-22 µm Sinterofen	10,9	10,6
38-45 µm Dilatometer	30,5	28,7
38-45 µm Sinterofen	30,5	28,4

4.2.5 Sintermodellierung mit Master-Sinter-Kurven

Aufbereiten der Messwerte aus der Sinterdilatometrie

Dilatometerkurven geben die Summe aus thermischen Dehnungen, Phasenumwandlungen und Sinterschwindungen wieder. Da für Sintermodelle nur die Sinterschwindungen maßgeblich sind, wurden zunächst die Dilatometerkurven um die thermische Ausdehnung des Materials korrigiert. Hierzu wurde die gesamte Messkurve mit dem zwischen 200 und 600 °C ermittelten Wärmeausdehnungskoeffizienten korrigiert. Die in Kapitel 4.2.1 dargestellten Schwindungsverläufe zeigen, dass die Sinterschwindung bei unterschiedlichen Partikelgrößenverteilungen und Heizraten frühestens in einem Temperaturbereich von 1000 bis 1050 °C einsetzt. Unterhalb dieses Temperaturbereichs weisen die Kurven einen nahezu deckungsgleichen Verlauf auf, auch im Bereich der Phasenumwandlung. Für die Sintermodellierung werden deshalb die um die thermische Ausdehnung korrigierten Schwindungen zwischen Ende der Phasenumwandlung (ab ca. 1000 °C) und Ende der Temperaturhaltezeit verwendet. In Abbildung 4.9 sind beispielhaft für die Partikelgrößenverteilung 15-22 µm die Schwindungswerte nach der Korrektur der thermischen Ausdehnung und die für die Sintermodellierung verwendeten Kurvenabschnitte dargestellt.

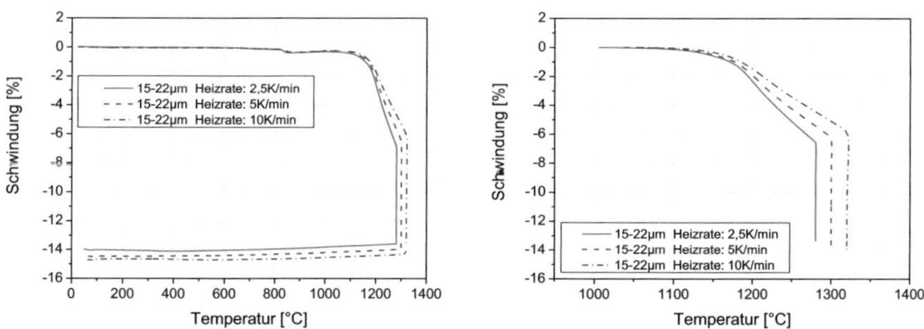

Abbildung 4.9: Sinterverhalten für die Partikelgrößenverteilung 15-22 µm in Abhängigkeit der Temperatur-Zeit-Profile nach Korrektur der thermischen Ausdehnung (links) und für die Sintermodellierung verwendete Messdaten (rechts)

Berechnung der Master-Sinter-Kurve (MSC)

Nach der Korrektur der thermischen Ausdehnung und Phasenumwandlung wurden die Schwindungswerte in Dichten umgerechnet und für alle gemessenen Aufheizraten in das Programm zur Berechnung der Master-Sinter-Kurve geladen. Aus den Temperatur-Zeit-Profilen $T(t)$ mit Heizraten von 2,5 K/min, 5 K/min und 10 K/min und mit einer zunächst angenommenen Aktivierungsenergie Q wurde die Theta-Funktion $\Theta(t,T(t))$ nach Gleichung (2.18) berechnet.

$$\Theta\big(t, T(t)\big) = \int_0^t \frac{1}{T} \cdot \exp\left(-\frac{Q}{R \cdot T}\right) \cdot dt \qquad (2.18)$$

Im nächsten Schritt wurde die Dichte ρ für die drei gemessenen Temperatur-Zeit-Profile $T(t)$ über $\log(\Theta)$ in einem Diagramm aufgetragen und mit der Fitfunktion aus Gleichung (2.20) angepasst.

$$\rho = \rho_0 + \frac{a}{\left[1 + \exp\left(-\dfrac{\log(\Theta) - \log(\Theta_0)}{b}\right)\right]^c} \qquad (2.20)$$

Während der Regressionsrechnung werden die Aktivierungsenergie Q und die Parameter der Fitfunktion solange variiert, bis die Summe der Abweichungsquadrate zwischen den um die thermische Dehnung korrigierten Messpunkten aus der Sinterdilatometrie und der Fitkurve ein Minimum erreicht. Der verwendete Algorithmus kombiniert eine lineare Regression für den Parameter a mit dem Verfahren nach Powell [87] für die iterative Optimierung der Parameter Q, $\log(\Theta_0)$, b und c. Auf diese Weise ergaben sich für die Partikelgrößenverteilung 15-22 µm die Parameter der Tabelle 4.7. Im Gegensatz zu Teng [59] wird die bekannte Ausgangsdichte ρ_0 nicht als anzugleichender Parameter behandelt, sondern als vorzugebende Konstante definiert. Da der Feedstock für die Partikelgrößenverteilung 15-22 µm einen Volumenfüllgrad von 58 % aufweist, entspricht ρ_0 diesem Wert.

Tabelle 4.7:   Parameter zur Berechnung der Master-Sinter-Kurve für die Partikelgrößenverteilung 15-22 µm

Parameter	ρ_0 [%]	a [%]	b [-]	c [-]	$\log(\Theta_0)$ [log(s/K)]	Q [kJ/mol]
15-22 µm	58,0	39,3	0,57	0,7	-15,68	431,0

Abbildung 4.10 zeigt die mit den Parametern aus Tabelle 4.7 berechnete Master-Sinter-Kurve und die Messpunkte aus der Sinterdilatometrie für die Heizraten 2,5 K/min, 5 K/min und 10 K/min bei einer Partikelgrößenverteilung von 15-22 µm. Es wird deutlich, dass die Kurve den Dichteverlauf bei allen drei Aufheizgeschwindigkeiten gut abbildet. Die Messpunkte liegen über einen weiten Bereich direkt auf der Master-Sinter-Kurve. Mit Hilfe der bekannten Parameter der Master-Sinter-Funktion lässt sich nach Gleichung (2.18) für beliebige Temperatur-Zeit-Verläufe die

Thetafunktion $\Theta(t, T(t))$ berechnen und damit nach Gleichung (2.20) der Dichteverlauf über Theta.

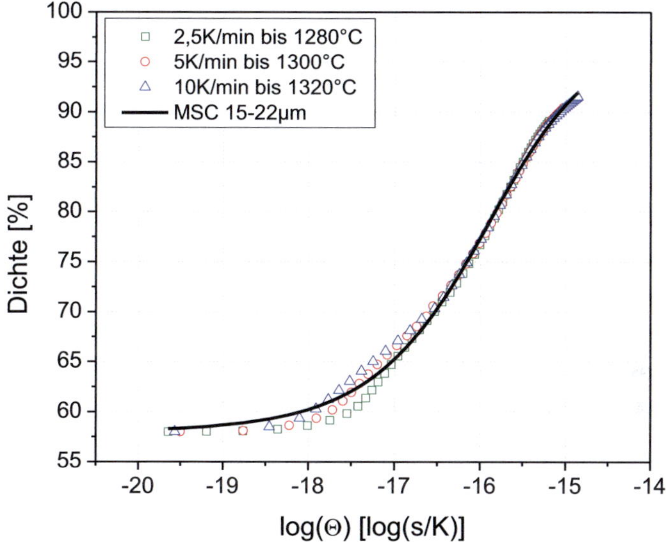

Abbildung 4.10: Berechnete MSC für die Partikelgrößenverteilung 15-22 µm aus Schwindungswerten bei Heizraten von 2,5 K/min, 5 K/min und 10 K/min

Vorhersage des Sinterverhaltens bei verschiedenen Temperatur-Zeit-Profilen

Ziel ist es, mit Hilfe der Master-Sinter-Funktion das Schwindungsverhalten für beliebige Temperatur-Zeit-Profile vorherzusagen. Die Übereinstimmung der über die Master-Sinter-Funktion berechneten Schwindungsverläufe mit den um die thermische Dehnung korrigierten Messwerten aus der Sinterdilatometrie ist für die Partikelgrößenverteilung 15-22 µm aus Abbildung 4.11 ersichtlich. Die Standardabweichungen (Stabw.)

$$\text{Stabw.} = \sqrt{\frac{1}{n-1}\sum_{i=1}^{n}\left(\varepsilon_{\text{berechnet}} - \varepsilon_{\text{gemessen}}\right)^2} \qquad (4.1)$$

zwischen den gemessenen Schwindungen $\varepsilon_{\text{gemessen}}$ und den berechneten Werten $\varepsilon_{\text{berechnet}}$ für die Schwindungen sind bei den drei untersuchten Heizraten akzeptabel.

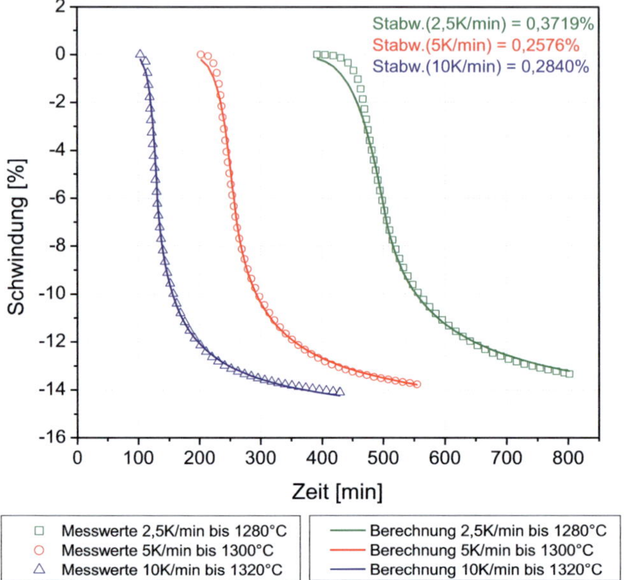

Abbildung 4.11: Vergleich der Messwerte aus Dilatometermessungen und der Berechnung der Schwindungsverläufe aus der MSC für 15-22 µm

Abbildung 4.12 zeigt für die Partikelgrößenverteilungen 15-22 µm und 22-32 µm die Vorhersagen des Schwindungsverhaltens bei einer Heizrate von 7,5 K/min. Ein Vergleich mit den im Dilatometer gemessenen Schwindungen bestätigt den vorhergesagten Verlauf. Für die Partikelgrößenverteilung 22-32 µm wurde zudem der Schwindungsverlauf für eine Heizrate von 15 K/min prognostiziert.

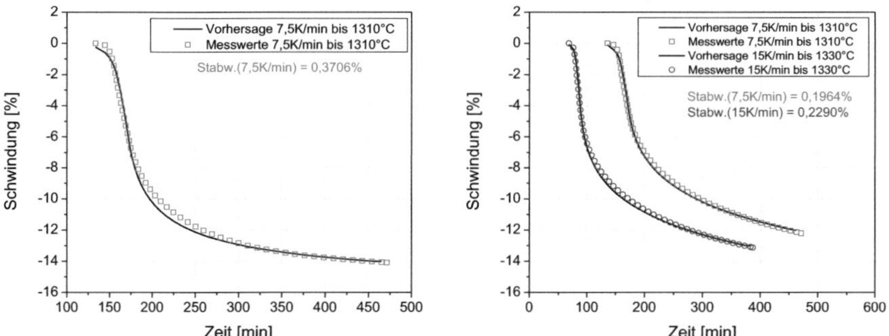

Abbildung 4.12: Vorhergesagte Schwindungsverläufe über die Master-Sinter-Kurve und Vergleich mit Messwerten aus der Sinterdilatometrie für Partikelgrößenverteilung 15-22 µm (links) und 22-32 µm (rechts)

Die berechneten Standardabweichungen bestätigen die gute Übereinstimmung der Vorhersage mit den Messwerten. Die zutreffende Prognose des Sinterverhaltens für eine Heizrate von 15 K/min macht deutlich, dass sich Vorhersagen für Schwindungsverläufe auch für Heizraten durchführen lassen, die außerhalb des Bereichs der gemessenen Heizraten (2,5 K/min, 5 K/min und 10 K/min) liegen.

Vorhersage des Sinterverhaltens bei verschiedenen Partikelgrößenverteilungen

Aus den bekannten Master-Sinter-Kurven zweier Partikelgrößenverteilungen lässt sich bei gleichen Füllgraden das Sinterverhalten weiterer Partikelgrößenverteilungen näherungsweise vorhersagen. Aus Abbildung 4.5 geht hervor, dass die mittlere Partikelgrößenverteilung x_{50} den Kennwert der Partikelgrößenverteilung darstellt, welcher bezüglich des Sinterverhaltens dominant ist. Deshalb werden die beiden bekannten Master-Sinter-Kurven in einem 3D-MSC-Diagramm mit x_{50} als dritter Achse aufgetragen. Im gewählten Beispiel mit X65Cr13 wird die Master-Sinter-Kurve für die Partikelgrößenverteilung 7-15 µm ($x_{50} = 10,8$ µm) durch lineare Interpolation der Einzelparameter der Master-Sinter-Kurven der Partikelgrößenverteilungen <7 µm ($x_{50} = 5,1$ µm) und 15-22 µm ($x_{50} = 16,4$ µm) gewonnen.

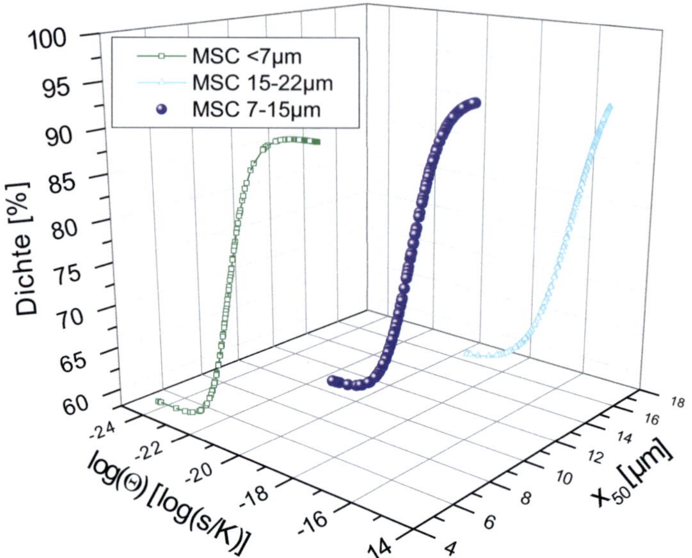

Abbildung 4.13: 3D-MSC-Diagramm mit den Master-Sinter-Kurven von <7 µm und 15-22 µm und die interpolierte Master-Sinter-Kurve 7-15 µm

Mit den aus der Interpolation erhaltenen Parametern für die Master-Sinter-Kurve von 7-15 µm soll nun für diese Partikelgrößenverteilung das Schwindungsverhalten bei verschiedenen Heizraten vorhergesagt werden. Abbildung 4.14 vergleicht die vorhergesagten Schwindungsverläufe bei den drei untersuchten Heizraten mit den über die Sinterdilatometrie ermittelten Messwerten. Die Vorhersage führt im Vergleich zu den Messwerten aus dem Dilatometer zu höheren Schwindungen.

Aus den Standardabweichungen zwischen den Messwerten und der Vorhersage geht hervor, dass die Abweichungen für die Vorhersage des Sinterverhaltens einer Partikelgrößenverteilung durch Interpolation der Master-Sinter-Kurven anderer Partikelgrößenverteilungen deutlich größer sind als die Vorhersage des Sinterverhaltens innerhalb einer Partikelgrößenverteilung für verschiedene Heizraten aus Abbildung 4.12.

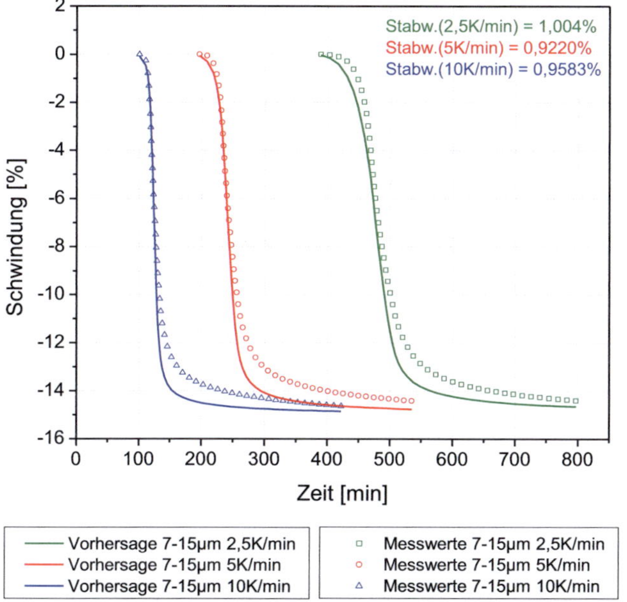

Abbildung 4.14: Vorhersage des Schwindungsverlaufs für die Partikelgrößenverteilung 7-15 µm bei drei Heizraten über die interpolierte Master-Sinter-Kurven 7-15 µm und Vergleich mit Messwerten aus der Sinterdilatometrie. Die Interpolation der Master-Sinter-Kurve 7-15 µm erfolgte durch die Master-Sinter-Kurven <7 µm und 15-22 µm aus Abbildung 4.13.

4.3   Entmischungsanalyse in spritzgegossenen Proben

Die Ionenstrahlpräparation und die rasterelektronenmikroskopischen Untersuchungen an den Halbstäben zum Erkennen von Entmischungen erfolgte am Fraunhofer-Institut für Keramische Technologien und Systeme (IKTS). Interessant ist die Analyse der spritzgegossenen Proben (Halbstäbe) auf Entmischungen über den gesamten Fließweg. Im Hinblick auf 2K-Bauteile liegt der Fokus der Analyse jedoch auf dem Fließwegende. In Abbildung 4.15 sind die analysierten Probengebiete schematisch dargestellt.

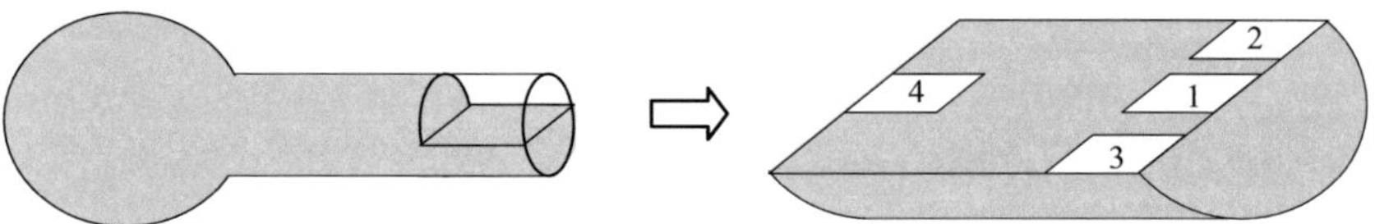

Abbildung 4.15: Schematische Darstellung der in den REM-Aufnahmen dokumentierten Probengebiete (Positionen 1-4)

Die Probengebiete 1-3 stellen im Falle eines 2K-Zugstabs, der aus zwei Halbstäben besteht, die Grenzfläche zwischen den beiden Komponenten dar. Die Position 4 befindet sich ca. 2-3 mm hinter dieser Grenzfläche. Zu erkennen ist, dass die Positionen 1 und 4 in der Mittelachse des Halbstabs liegen und somit keine Scherung erfahren. Die Positionen 2 und 3 befinden sich direkt an der Oberfläche des Grünteils.

In Abbildung 4.16 sind rasterelektronenmikroskopische Aufnahmen des Feedstocks 22_065_63 dargestellt. Sie zeigen eine sehr homogene Verteilung der Partikel in den vier untersuchten Probengebieten. Lediglich in den Aufnahmen von Position 2 und 3 sind minimale Entmischungslinien sichtbar, die mit roten Umrahmungen hervorgehoben sind. An der Grenzfläche sowie der Probenoberfläche sind keine Binderanreicherungen zu erkennen. Die Partikel liegen eng verteilt aneinander.

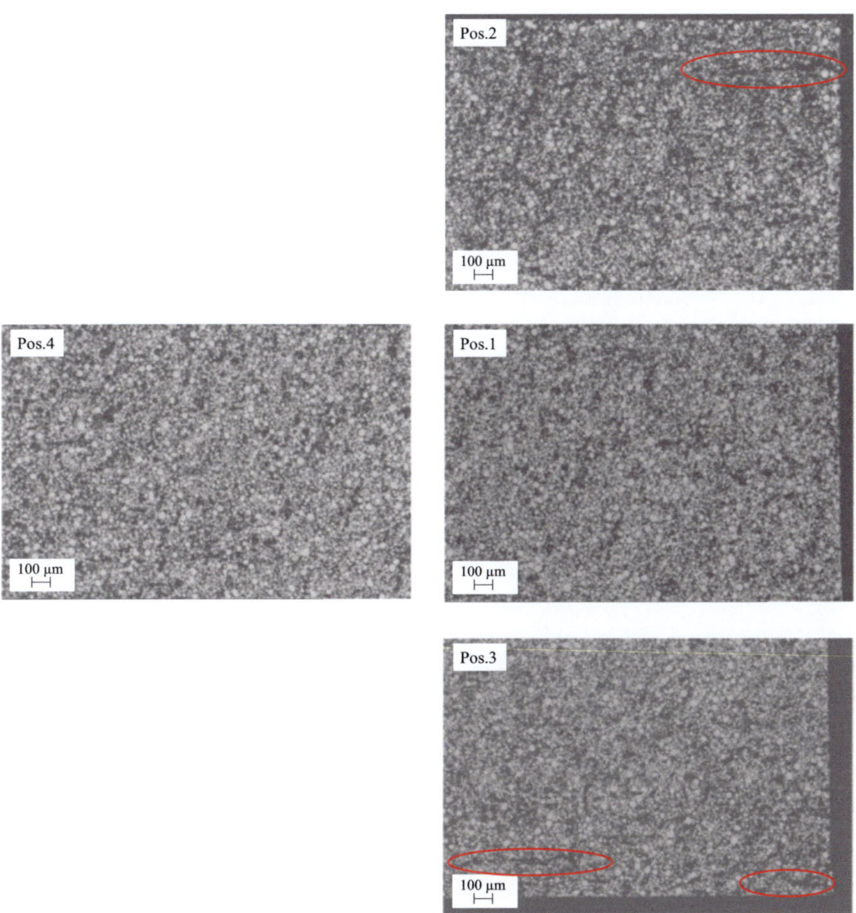

Abbildung 4.16: Rasterelektonenmikroskopische Aufnahme der Probe 22_065_63

Die Feedstocks 30_050_63 und 22_050_58 weisen eine ähnlich homogene Verteilung der Metallpartikel in den vier untersuchten Gebieten auf.

Für den Feedstock 22_035_63 sind jedoch im oberflächennahen Bereich Binderanreicherungen sichtbar. Abbildung 4.17 zeigt die Positionen 2 und 3 des Feedstocks, bei denen die Entmischungsbereiche farblich hervorgehoben sind. Daneben zeigte der Feedstock 14_050_63 ebenfalls Entmischungen vorangig im Probenrandbereich, die allerdings wesentlich weniger stark ausgeprägt waren.

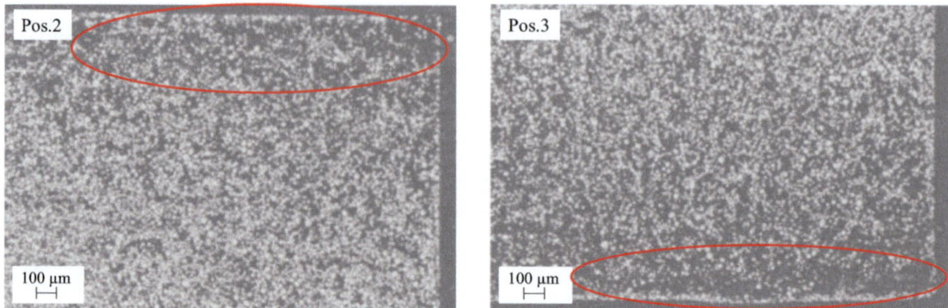

Abbildung 4.17: Rasterelektronenmikrosopische Aufnahmen der Probe 22_035_63 an den Positionen 2 und 3

Als einziger Feedstock zeigt der Feedstock 22_050_63 Binderanreicherungen in allen vier untersuchten Probengebieten. Exemplarisch ist in Abbildung 4.18 die Position 4 dargestellt, bei der die Inhomogenitäten selbst im scherfreien Bereich deutlich zu erkennen sind. Da im Granulat eine gleichmäßige Pulververteilung festgestellt wurde, findet die Entmischung im Spritzgießprozess statt.

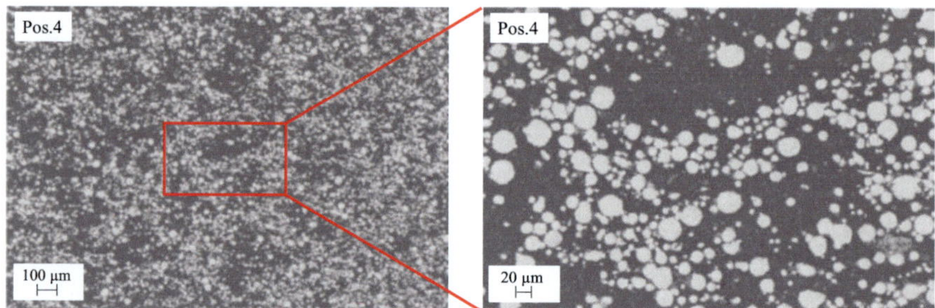

Abbildung 4.18: Rasterelektronenmikroskopische Aufnahmen der Probe 22_050_63

Fazit

Es zeigt sich, dass keiner der untersuchten Feedstocks eine Binderanhäufung direkt an der Grenzfläche aufweist. Jedoch wird deutlich, dass ein Feedstock mit einer schmalen Verteilungsbreite zu einer Separation von Partikeln und Bindern im oberflächennahen Bereich, direkt unter der erstarrten Randschicht, neigt.

4.4 Fließverhalten

4.4.1 Ermittlung der Fließgrenzen

Mit einem Platte-Platte-Rheometer lässt sich die erforderliche Mindest-Schubspannung für eine Rotationsgeschwindigkeit größer null der drehbaren Platte ermitteln. Ob es sich bei dieser Mindest-Schubspannung um die Fließgrenze τ_0 der Masse oder ihre Gleitgrenze τ_1 an der Platte handelt, kann zunächst nicht entschieden werden. Die gemessene Mindest-Schubspannung stellt die kleinere dieser beiden Größen dar.

Der mit dem Kapillarrheometer ermittelte Verlauf der Gleitfunktion $\tau(v_g)$ lässt durch Extrapolation der Gleitgeschwindigkeit v_g gegen null eine näherungsweise Bestimmung der Gleitgrenze τ_1 zu. Wird im Folgenden von einer Fließ-/Gleitgrenze gesprochen, kann es sich sowohl um die Fließgrenze als auch um die Gleitgrenze handeln. Grundsätzlich gibt es verschiedene Methoden zur Ermittlung der Fließgrenze aus den Messungen am Platte-Platte-Rheometer. In dieser Arbeit erfolgte die Auswertung über eine Auftragung der Schubspannung über die Scherdeformation, da die Grenze zwischen dem elastischen und viskosen Deformationsbereich gut und reproduzierbar bestimmt werden kann. In Abbildung 4.19 ist die Auftragung für die Probe 14_050_63 beispielhaft dargestellt. Die Deformationskurve wurde linear in Richtung Ordinate extrapoliert und die Fließ-/Gleitgrenze als Schnittpunkt der Geraden mit der Ordinate definiert. Für den Feedstock 14_050_63 ergab sich durch Doppelbestimmung eine Fließ-/Gleitgrenze von 4900 Pa.

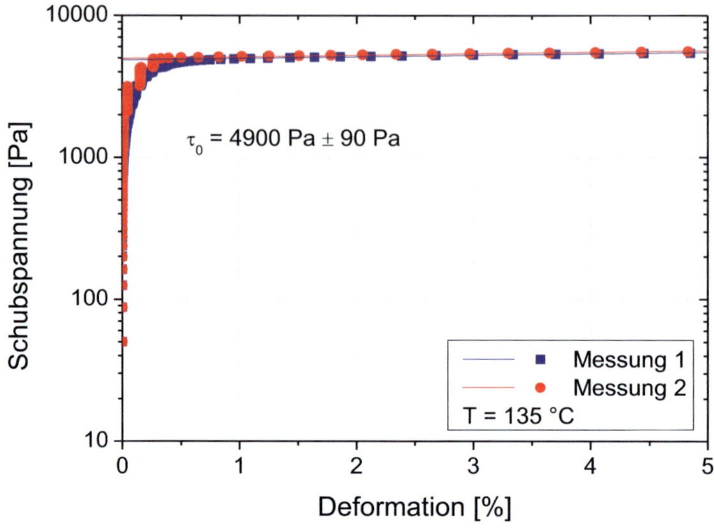

Abbildung 4.19: Ermittlung der Fließ-/Gleitgrenze der Probe 14_050_63

Tabelle 4.8 gibt einen Überblick über die ermittelten Fließ-/Gleitgrenzen aller untersuchten Feedstocks. Bei den Feedstocks mit den Volumenfüllgraden 58 % und 63 %
erfolgte die Messung schubspannungsgesteuert (CSS) bis zu einer maximalen Schubspannung von 7500 Pa und bei dem Feedstock mit Volumenfüllgrad 68 % bis zu einer
Schubspannung von 10000 Pa. Bei drei der Feedstocks reichte das maximale Drehmoment des Rheometers zur Bestimmung der Fließ-/Gleitgrenze nicht aus.

Tabelle 4.8:   Ermittelte Fließ-/Gleitgrenzen der aufbereiteten Feedstocks

Feedstock	Fließ-/Gleitgrenze [Pa]
14_050_63	4900
22_050_63	4430
30_050_63	1600
22_035_63	>>7500
22_065_63	>>7500
22_050_58	1860
22_050_68	>>10000

Die Fließ-/Gleitgrenze steigt mit zunehmendem Füllgrad stark an. Windhab [32] begründet die Zunahmen damit, dass die Fließgrenze ein direktes Maß für die Wechselwirkungskräfte zwischen den Partikeln darstellt und diese sich mit ansteigendem Füllgrad erhöhen.

Der Einfluss der mittleren Partikelgröße x_{50} auf die Fließ-/Gleitgrenze ist gut erkennbar. Je kleiner die Partikelgröße, desto höher wird die Fließ-/Gleitgrenze. Diese Abhängigkeit korreliert ebenfalls mit der Anzahl der Kontaktstellen der Partikel. Mit kleiner werdender Partikelgröße steigt die Anzahl der Partikel bei gleichem Volumenfüllgrad. Daraus folgt eine höhere Fließgrenze des Feedstocks [32].

Der Einfluss der Verteilungsbreite auf die Fließ-/Gleitgrenze ist dagegen nicht eindeutig. Der Feedstock mit der mittleren Verteilungsbreite ($\sigma = 0{,}5$) weist bei gleichem mittleren Partikeldurchmesser die niedrigste Fließ-/Gleitgrenze auf. Allerdings ist die Verteilung der Pulverpartikel in diesem Feedstock nicht homogen (vgl. Kap 4.3), so dass eine allgemeingültige Aussage nicht zu treffen ist. Hierzu wären weitere Untersuchungen mit einer stärkeren Variation der Verteilungsbreite und ein Platte-Platte-Rheometer mit einem höheren maximalen Drehmoment erforderlich.

4.4.2 Fließverhalten im Hochdruckkapillarrheometer

Die Ermittlung des Fließverhaltens für Feedstocks mit unterschiedlichen Partikelgrößenverteilungen und Volumenfüllgraden erfolgte am Karlsruher Institut für Technologie an einer 10 mm breiten Schlitzdüse mit einem Düsenspalt von 1 mm und bei einer Temperatur von 135 °C. Die Volumenströme wurden zwischen 35,3 mm^3/s und 1767,1 mm^3/s vorgegeben. Der Feedstock 22_050_68 konnte nicht reproduzierbar vermessen werden und wird daher bei der folgenden Darstellung der Ergebnisse außer Betracht gelassen. Die Ursache für die schlechte Messbarkeit dieses Feedstocks liegt offenbar darin, dass sich sein Füllgrad von 68 Vol.-% in Verbindung mit der engen Verteilungsbreite von 0,5 zu nahe am kritischen Füllgrad befindet.

Druckverläufe entlang des Fließkanals

Um eine belastbare Aussage über den Druckverlauf entlang des Rechteckkanals zu erhalten, wurde eine Schlitzdüse mit fünf Druckaufnehmern eingesetzt. Durch die nahe des Kanalausgangs gemessenen Drücke kann auf vernachlässigbare Auslaufdruckverluste geschlossen werden. Abbildung 4.20 zeigt für den Feedstock 14_050_63 sowohl die gemessenen Drücke in Abhängigkeit des Abstandes vom Auslauf als auch deren Approximation durch ein Polynom 2. Ordnung mit Auslaufdruckverlust null. Da die Approximation innerhalb des gemessenen Fehlerbalkens liegt, kann der Druckverlauf über die gesamte Länge des Kanals berechnet werden.

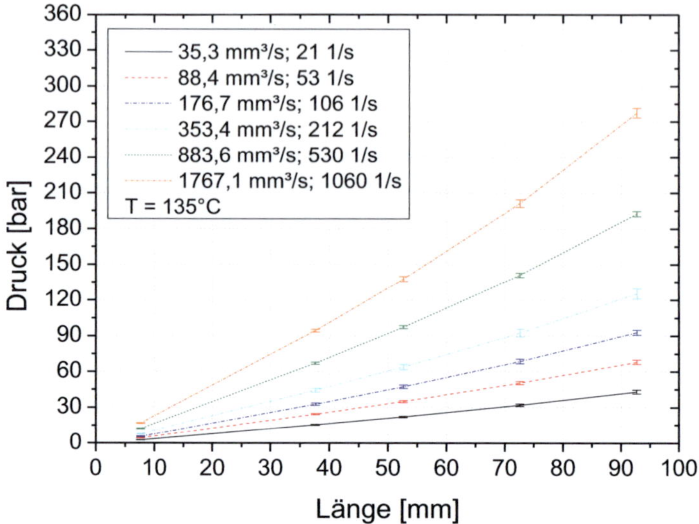

Abbildung 4.20: Gemessene Drücke im Hochdruckkapillarrheometer und Approximation durch ein Ursprungspolynom 2. Grades für Feedstock 14_050_63

Bei allen gemessenen Feedstocks werden nichtlineare Druckverläufe beobachtet. Exemplarisch sind die Druckverläufe der verschiedenen Feedstocks bei einem Volumenstrom von 1767,1 mm^3/s in Abbildung 4.21 dargestellt.

Die progressiven Druckverläufe entsprechen Schubspannungen in der Masse und an der Kapillarwand, die mit zunehmendem Abstand vom Kanalausgang ansteigen. Die Ermittlung der Wandgleitgeschwindigkeit nach Mooney setzt jedoch lineare Druckverläufe entlang des Kanals voraus. Für die folgenden Auswertungen wurde deshalb ersatzweise eine mittlere Schubspannung aus dem kleinsten und größten Druckanstieg gebildet.

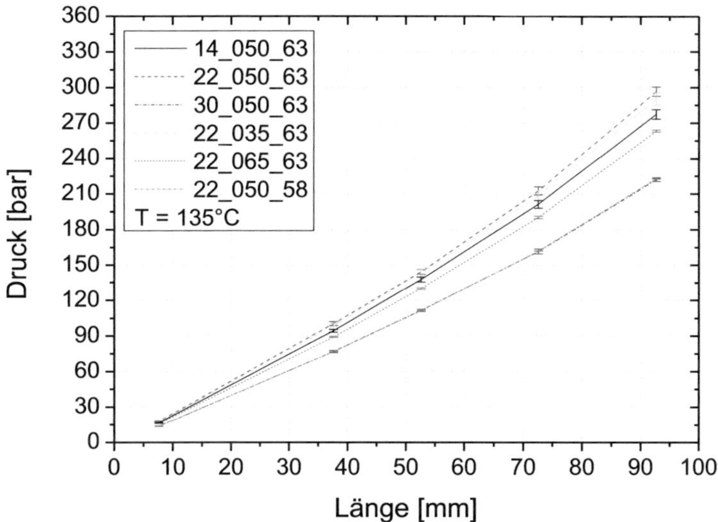

Abbildung 4.21: Gemessene Drücke im Hochdruckkapillarrheometer und Approximation durch ein Ursprungspolynom 2. Grades für verschiedene Feedstocks bei einem Volumenstrom von 1767,1 mm^3/s (scheinbare Schergeschwindigkeit: 1060 1/s)

Einfluss der Partikelgrößenverteilung und des Füllgrads auf das Fließverhalten

Vorweg sei erwähnt, dass es sich bei den Auswertungen und Gegenüberstellungen der Messungen der verschiedenen Feedstocks um die scheinbaren Fließfunktionen handelt. Ein Vergleich der Feedstocks untereinander ohne Gleitkorrektur ist dennoch sinnvoll, da die dargestellten Messergebnisse sich auf dieselbe Geometrie beziehen. Exemplarisch wurde in Kap 4.4.3 das Gleitverhalten für den Feedstock 22_050_58 nach Mooney untersucht. Zur Berücksichtigung der Strukturviskosität der Masse (d.h. der wahren Fließfunktion) wurde nach der Gleitkorrektur die Korrektur nach Weißenberg-Rabinowitsch durchgeführt.

Einfluss des Füllgrads c_v

Der Einfluss des Füllgrades c_v auf das Fließverhalten wurde an drei Feedstocks mit Volumenfüllgraden von 58, 63 und 68 Vol.-% untersucht. Der Feedstock mit 68 Vol.-% konnte, wie bereits erwähnt, nicht reproduzierbar vermessen werden. In Abbildung 4.22 sind die scheinbaren Fließfunktionen für die Feedstocks mit Füllgrad 58 und 63 Vol.-% gegenübergestellt. Bei gleicher scheinbarer Schergeschwindigkeit erhöht sich die Schubspannung mit zunehmender Feststoffkonzentration. Beide Fließfunktionen verlaufen über den untersuchten Schergeschwindigkeitsbereich parallel.

Die in Kap. 4.4.1 ermittelten Fließ/Gleitgrenzen von 1860 Pa bzw. 4430 Pa liegen deutlich unter den selbst bei niedrigen Schergeschwindigkeiten auftretenden Schubspannungen in Abbildung 4.22.

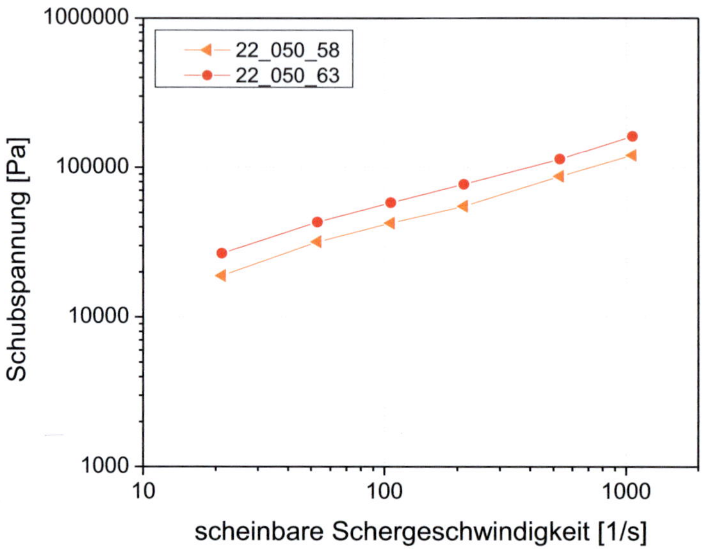

Abbildung 4.22: Scheinbare Fließfunktionen bei variierendem Füllgrad c_v (58 und 63 Vol.-%)

Die Wechselwirkungskräfte zwischen den Partikeln sind vom Partikelabstand abhängig und nehmen mit abnehmender Partikelentfernung zu. Folglich führt ein höherer Füllgrad zu einer höheren Festigkeit der inneren Suspensionsstruktur. Da die Haftung an der Kapillarwand durch den geringeren Anteil an Binder eher abnimmt, verlagert sich mit zunehmendem Füllgrad das Strömungsbild von Scherfließen zu Wandgleiten [32].

Einfluss der mittleren Partikelgröße x_{50}

Der Einfluss der mittleren Partikelgröße x_{50} auf das Fließverhalten wurde an drei Feedstocks mit variierendem x_{50} (14 µm, 22 µm und 30 µm) untersucht, während alle anderen Parameter konstant gehalten wurden. Da der Feedstock 22_050_63, wie in Kapitel 4.3 gezeigt, Inhomogenitäten aufweist, wird er bei der Interpretation der Ergebnisse nicht berücksichtigt. Grundsätzlich lässt sich aus Abbildung 4.23 erkennen, dass die Fließkurven mit zunehmender Partikelgröße zu kleineren Schub-

spannungen hin verschoben sind, wobei der Effekt bei kleineren Schergeschwindigkeiten stärker ausgeprägt ist.

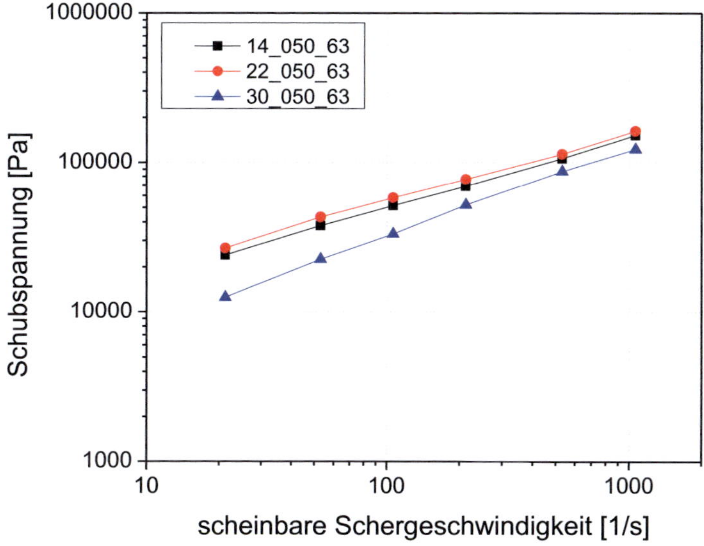

Abbildung 4.23: Scheinbare Fließfunktionen bei variierender mittlerer Partikelgröße x_{50}

Bei gleichem Volumenfüllgrad steigt die Anzahl der Partikel mit abnehmender
Partikelgröße $x_{50,3}$ mit der dritten Potenz des Partikelgrößenverhältnisses. Für
polydisperse Partikelgrößenverteilungen gilt näherungsweise [32]:

$$\frac{n_{\mathrm{Pa1}}}{n_{\mathrm{Pa2}}} = \left(\frac{\left(x_{50,3} \right)_2}{\left(x_{50,3} \right)_1} \right)^3 \qquad (4.2)$$

Die Erhöhung der Partikelanzahl n_{Pa} ist mit einer Zunahme der Kontaktstellen der
Partikel verbunden. Dies wiederum führt zu einer Erhöhung der inneren Festigkeit des
Feedstocks. Dieser Einfluss wird für den Feedstock mit $x_{50} = 14$ µm gegenüber dem
Feedstock mit $x_{50} = 30$ µm bei niedrigen Schergeschwindigkeiten deutlich. Bei höheren Schergeschwindigkeiten dominieren die durch das Fluid übertragenen Kräfte
zwischen den Partikeln gegenüber den Partikel-Partikel-Wechselwirkungskräften
[32].

Einfluss der Verteilungsbreite σ

Die Variation der Verteilungsbreite ($\sigma = 0{,}35$, $\sigma = 0{,}5$ und $\sigma = 0{,}65$) hat bei den untersuchten Feedstocks keinen Einfluss auf die Fließfunktion. Wie Abbildung 4.24 zeigt, weisen die Massen über den untersuchten Schergeschwindigkeitsbereich einen sehr ähnlichen Fließkurvenverlauf auf.

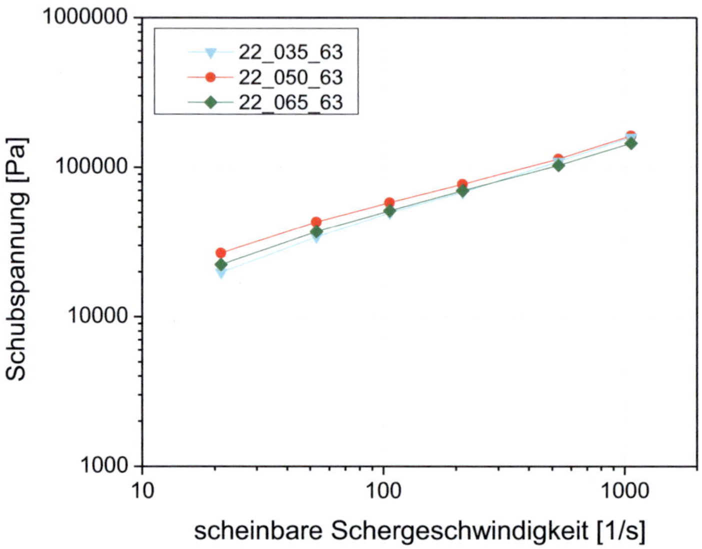

Abbildung 4.24: Scheinbare Fließfunktionen bei variierender Verteilungsbreite σ

In der Regel lassen sich Partikelsysteme mit einer breiten Verteilung dichter packen als ein System von Partikeln mit annähernd gleicher Größe (schmale Verteilung). Bei konstantem Füllgrad und konstanter mittlerer Partikelgröße x_{50} bietet die breite Verteilung den Partikeln mehr Bewegungsfreiheit. Demnach sollte die Probe mit breiterer Partikelgrößenverteilung besser fließen [88]. Bei größeren Unterschieden in der Verteilungsbreite als den in dieser Arbeit untersuchten, ist davon auszugehen, dass sich die Fließfunktionen im unteren Scherratenbereich voneinander unterscheiden.

Scheinbare Viskositätsfunktionen

Die in Abbildung 4.25 dargestellten scheinbaren Viskositätsfunktionen für die untersuchten Feedstocks mit unterschiedlichen Partikelgrößenverteilungen und Füllgraden weisen denselben Trend auf wie die zuvor gezeigten scheinbaren Fließfunktionen. Bei höheren Schergeschwindigkeiten nähern sich die Viskositätsfunktionen zunehmend aneinander an.

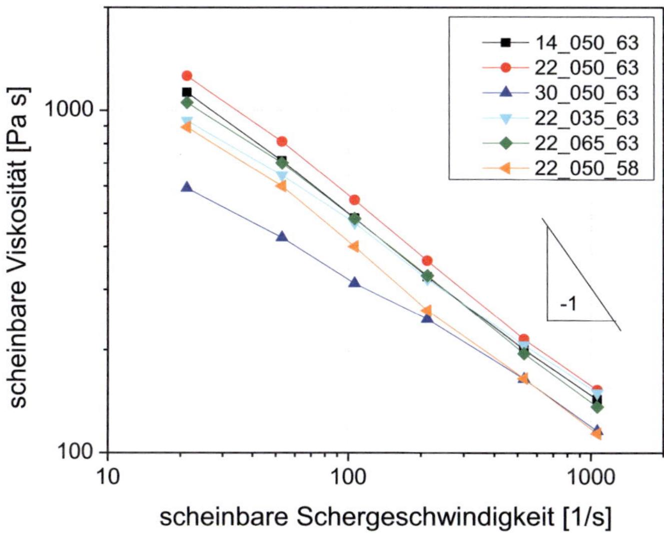

Abbildung 4.25: Scheinbare Viskositätsfunktionen für verschiedene Feedstocks

Fazit

Zusammenfassend lässt sich festhalten, dass die einzelnen Feedstocks strukturviskoses Verhalten aufweisen. Ein Vergleich der ermittelten Fließ-/Gleitgrenzen aus den Messungen am Platte-Platte-Rheometer mit den im Hochdruckkapillarrheometer bei niedrigen Schergeschwindigkeiten ermittelten Schubspannungen zeigt, dass die Fließ-/Gleitgrenzen deutlich unter den im Kapillarrheometer auftretenden Schubspannungen liegen.

4.4.3 Untersuchung des Gleitverhaltens nach Mooney

Bisher wurden bei der Gegenüberstellung der verschiedenen Feedstocks die scheinbaren Fließ- und Viskositätsfunktionen betrachtet. Für den Feedstock 22_050_63 soll das Gleitverhalten exemplarisch mit dem Mooney-Verfahren untersucht werden.

Das Mooney-Verfahren erfordert die Erfassung des Druckverlaufs bei mehreren Volumenströmen mit mindestens 2 verschiedenen Spalthöhen. Abbildung 4.26 zeigt die ermittelten Fließfunktionen für die Spalthöhen 0,8 mm und 1,3 mm.

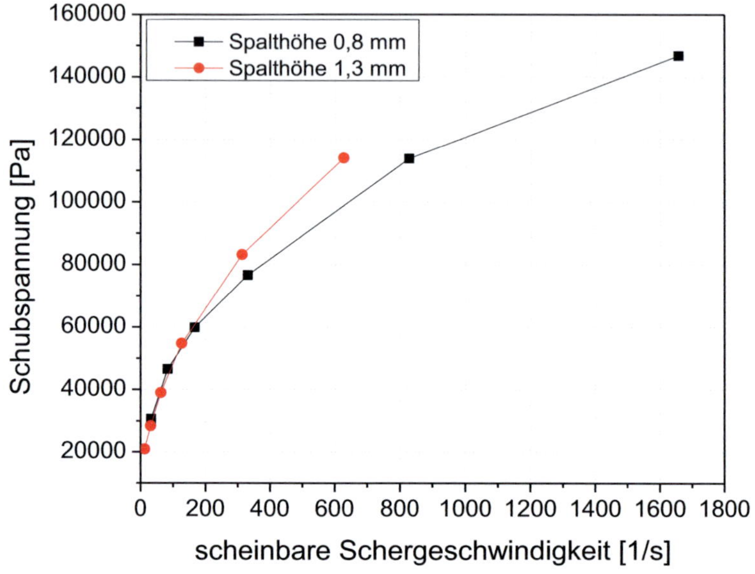

Abbildung 4.26: Scheinbare Fließfunktionen des Feedstocks 22_050_58 für die Spalthöhen 0,8 mm und 1,3 mm

Analog zu der beschriebenen Vorgehensweise aus Kapitel 2.5.5. wurde die Gleitgeschwindigkeit v_g bei gleichen Wandschubspannungen τ_w durch Auftragung von $\dot{V}/BH^2$ über $1/H$ ermittelt. Dabei entspricht die Steigung $\tan(\alpha)$ der Geraden der Gleitgeschwindigkeit $v_g(\tau_w)$.

Durch Auftragung der Wandschubspannungen über die Gleitgeschwindigkeit ergibt sich die in Abbildung 4.27 punktweise dargestellte Abhängigkeit.

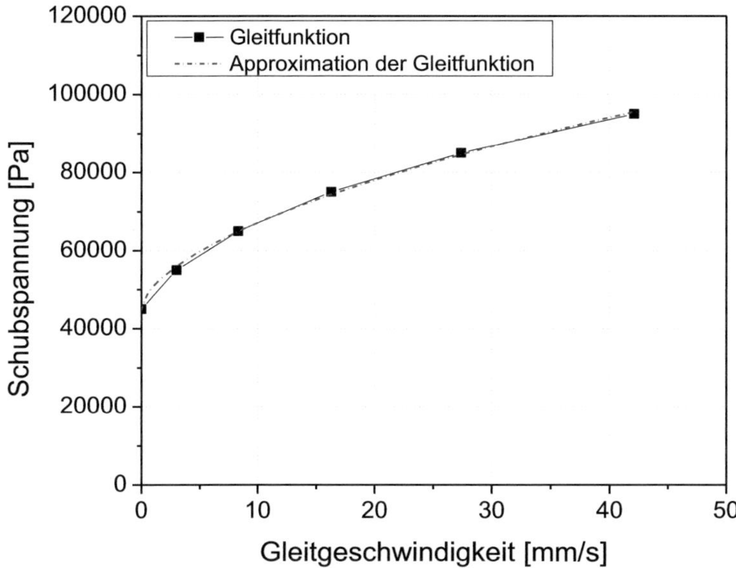

Abbildung 4.27: Gleitfunktion und ihre Approximation nach Windhab für den Feedstock 22_050_58

Die Stützpunkte der Gleitfunktion lassen sich gut durch die Gleichung (2.40) nach Windhab [32] approximieren. Dabei ergeben sich für die einzelnen Parameter $c_g = 308051$ kg/(m^{1,57}·s^{1,13}), m = 0,57 und die Gleitgrenze $\tau_l = 44660$ Pa. Das bedeutet, dass der untersuchte Feedstock ab einer Schubspannung von 44660 Pa an der Rheometerwand zu gleiten beginnt. Daraus kann gefolgert werden, dass es sich bei der am Platte-Platte-Rheometer ermittelten Fließ-/Gleitgrenze von 1860 Pa in Kapitel 4.4.1 um die Fließgrenze handelt. Die Gleitgrenze für diesen Feedstock liegt somit wesentlich höher als die ermittelte Fließgrenze, jedoch im Bereich der im Kapillarrheometer auftretenden Schubspannungen.

Nach Abbildung 4.28 fallen nach der Mooney-Korrektur die scheinbaren Fließfunktionen für die Spalthöhen 0,8 mm und 1,3 mm zu einer Fließkurve zusammen. Dadurch dass der Gleitanteil von dem Gesamtvolumenstrom abgezogen wurde, verschiebt sich die mooneykorrigierte Fließfunktion zu niedrigeren Scherraten. Für eine Schubspannung von 95000 Pa beispielsweise reduziert sich die Scherrate von ca. 545 1/s bei einer Spalthöhe von 0,8 mm auf 225 1/s nach Durchführung der Mooney-Korrektur. Die Verringerung der Scherrate um mehr als die Hälfte verdeutlicht das stark ausgeprägte Gleitverhalten der Masse. Zur Bestimmung der wahren Fließfunktion muss schließlich noch die Weißenberg-Rabinowitsch-Korrektur nach Gleichung (2.34) durchgeführt werden. Diese Korrektur berücksichtigt die Strukturviskosität des Feedstocks und verschiebt die nach Mooney korrigierte Fließkurve geringfügig zu etwas höheren Scherraten.

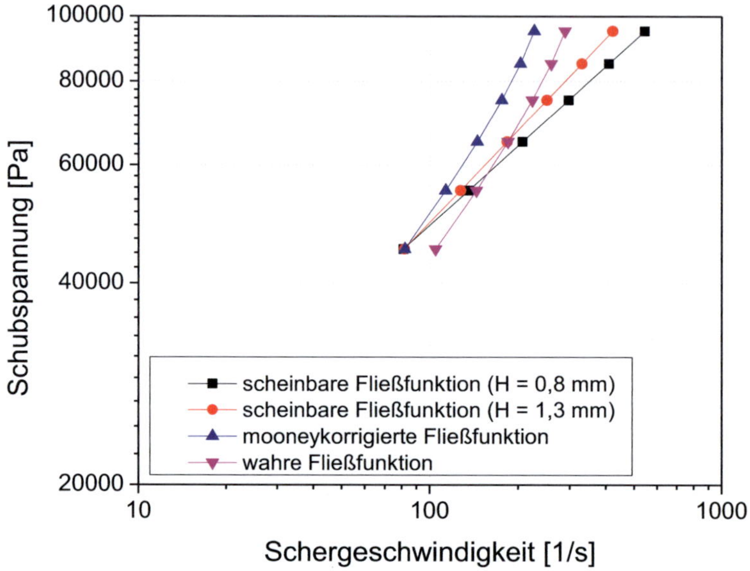

Abbildung 4.28: Scheinbare und korrigierte Fließfunktionen für den Feedstock 22_050_58

Es sei darauf hingewiesen, dass die Mooneykorrektur lineare Druckverläufe voraussetzt und unter dieser Annahme eine über die Kanallänge konstante Gleitgeschwindigkeit liefert. Da die Druckverläufe der untersuchten Feedstocks alle einen nichtlinearen Verlauf zeigen (vgl. Kapitel 4.4.2), stellen die nach Mooney berechneten Gleitgeschwindigkeiten und die unter Berücksichtigung des Wandgleitens abgeleitete Gleitfunktion nach Gleichung (2.40) nur eine Vereinfachung dar. Nichtlineare Druckverläufe erfordern zu ihrer Auswertung neue Modelle, welche ein Fließgesetz mit einem druckabhängigen Wandgleitgesetz koppeln. In Kapitel 5.4.2 wird ein neuer Ansatz vorgestellt, der Scherfließen und Wandgleiten über die Wandschubspannung τ_W verknüpft.

4.4.4   Fließverhalten im Spritzgießwerkzeug

Die rheologische Charakterisierung der Feedstocks mit verschiedenen Partikelgrößenverteilungen und Füllgraden erfolgte in einer mit drei Druckaufnehmern bestückten Fließspiral-Kavität (Abbildung 3.8). Analog zu seinem Verhalten im Hochdruckkapillarrheometer konnte der Feedstock 22_050_68 aufgrund des hohen Füllgrads in Verbindung mit einer zu engen Verteilungsbreite von 0,5 nicht spritzgegossen werden.

Drücke bei der Formfüllung

Zur Charakterisierung des Fließ- und Gleitverhaltens im Spritzgießwerkzeug wurden zunächst die Drücke in der Kavität bei Einspritzvolumenströmen von 5 cm^3/s bis 20 cm^3/s erfasst. In Abbildung 4.29 sind die angussnahen Drücke p_{DA1} und die mittigen Drücke p_{DA2} und die Druckdifferenz ($\Delta p = p_{DA1} - p_{DA2}$) zum Zeitpunkt des Ansprechens des dritten Druckaufnehmers für den Feedstock 22_050_58 über die Einspritzvolumenströme dargestellt.

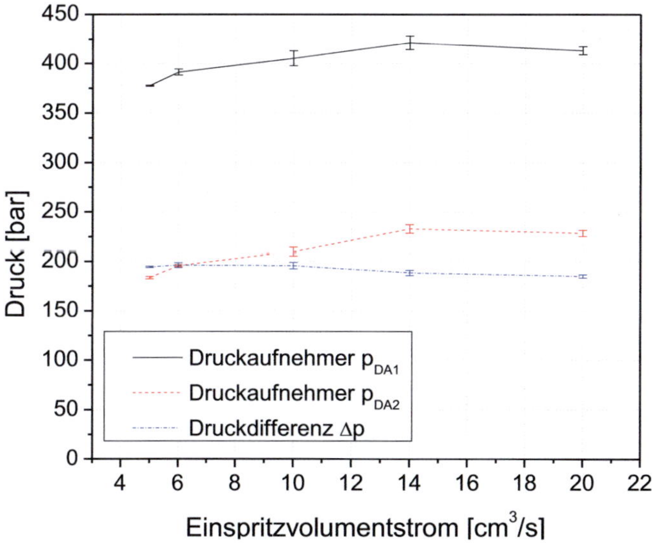

Abbildung 4.29: Forminnendrücke der Druckaufnehmer p_{DA1} und p_{DA2} und Druckdifferenz $\Delta p = (p_{DA1}-p_{DA2})$ bei verschiedenen Einspritzvolumenströmen für Feedstock 22_050_58 in der Fließspiral-Kavität

Es zeigt sich, dass sowohl der angussnahe Druck p_{DA1} als auch der Druck p_{DA2} am mittleren Druckfühler nicht wesentlich vom Einspritzvolumenstrom abhängen. Insbesondere ist die Druckdifferenz Δp nahezu unabhängig vom Einspritzvolumenstrom. Die aus der Druckdifferenz berechnete Schubspannung und die aus dem Volumenstrom berechnete scheinbare Schergeschwindigkeit nach den Gleichungen (2.32) bzw. (2.33) führen zu einer von der Schergeschwindigkeit unabhängigen Schubspannung.

Abbildung 4.30 zeigt die Druckdifferenzen Δp in Abhängigkeit vom Einspritzvolumenstrom für weitere Feedstocks. Es wird deutlich, dass das beschriebene Verhalten für alle untersuchten Feedstocks charakteristisch ist.

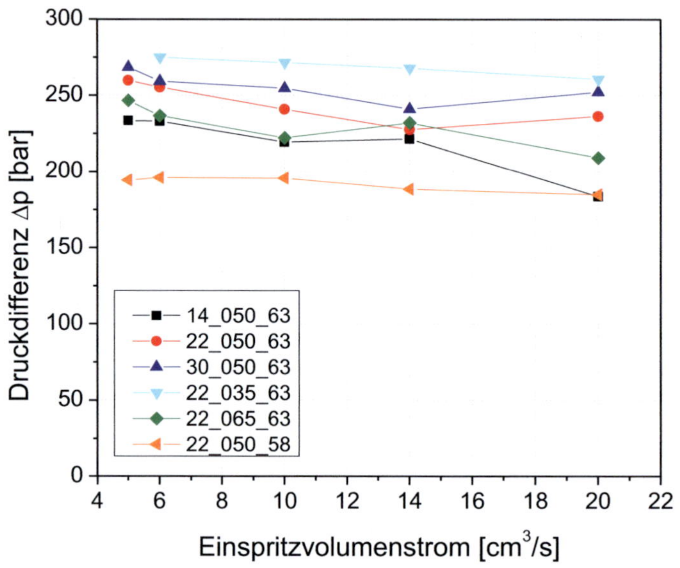

Abbildung 4.30: Druckdifferenz $\Delta p = (p_{DA1}-p_{DA2})$ bei verschiedenen Einspritzvolumenströmen für die untersuchten Feedstocks mit variierenden Partikelgrößenverteilungen und Füllgraden

Einfluss der Partikelgrößenverteilung und des Füllgrads

Die Messungen am Hochdruckkapillarrheometer haben bereits gezeigt, dass bei höheren Schergeschwindigkeiten (bis 1000 1/s) die unkorrigierten Viskositätsfunktionen für die Feedstocks mit unterschiedlichen Partikelgrößen x_{50} und Verteilungsbreiten σ dicht beieinander liegen. Bei den Spritzgießversuchen wurden entsprechend den vorgegebenen Einspritzvolumenströmen von 5 cm³/s bis 20 cm³/s scheinbare Schergeschwindigkeiten von 910 1/s bis 3650 1/s erreicht. In Abbildung 4.31 sind die aus

Spritzgießversuchen abgeleiteten scheinbaren Viskositätsfunktionen im spritzgießtypischen Schergeschwindigkeitsbereich dargestellt. Es ist deutlich zu erkennen, dass die Viskositätsfunktionen überwiegend in einem Bereich liegen und dieselbe Steigung von etwa -1 aufweisen. Die untersuchte mittlere Partikelgröße x_{50} und die Verteilungsbreite σ haben somit keinen nennenswerten Einfluss auf die beim Spritzgießen ermittelten scheinbaren Viskositätsfunktionen. Die Viskositätsfunktion des Feedstocks mit dem Füllgrad 58 Vol.-% liegt jedoch deutlich unterhalb der Funktionsschar.

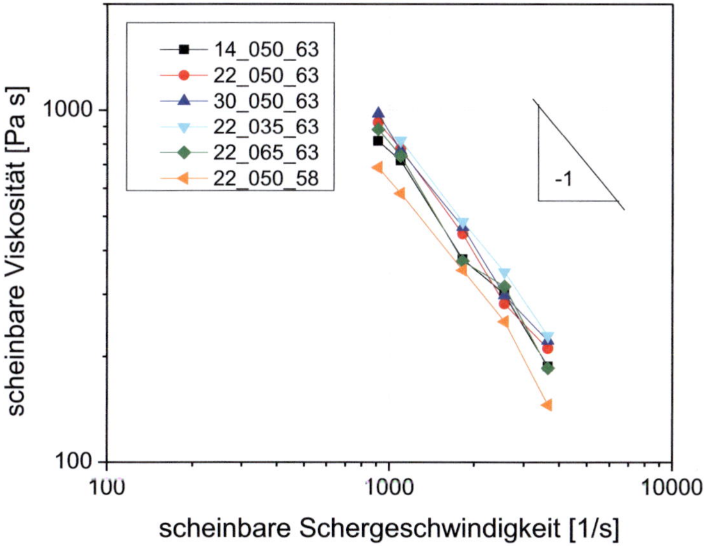

Abbildung 4.31: Scheinbare Viskositätsfunktionen der Feedstocks in der Fließspirale

Da alle Viskositätsfunktionen eine Steigung von -1 aufweisen, kann davon ausgegangen werden, dass beim Spritzgießen die Masse hauptsächlich an der Wand der Kavität gleitet und nicht fließt. Die Steigung -1 ergibt sich aus der Umformung und Logarithmierung der Gleichung (2.25), wenn die Drücke bzw. die Schubspannung, wie in dem betrachteten Fall, unabhängig von der Schergeschwindigkeit sind.

$$\tau = \eta \cdot \dot{\gamma} \Leftrightarrow \eta = \tau \cdot \dot{\gamma}^{-1}$$

$$\log \eta = (-1) \log \dot{\gamma} + \log \tau$$

5 Diskussion

5.1 Übertragbarkeit der Messergebnisse auf den realen MIM-Prozess

Für ein besseres Verständnis und die Weiterentwicklung des 2K-MIM-Verfahrens sind verlässliche und realitätsnahe Messergebnisse notwendig. In diesem Kapitel wird bewertet, wie gut sich die Sinterdilatometrie auf den realen Co-Sinterprozess übertragen lässt (Abschnitt 5.1.1) und ob das Verhalten der Feedstocks im Rheometer und im Spritzgießwerkzeug übereinstimmen (Abschnitt 5.1.2).

5.1.1 Übertragbarkeit der Dilatometrie auf den realen Co-Sinterprozess

Die Sinterdilatometrie ist ein wertvolles Instrument zur Untersuchung der Co-Sinterfähigkeit verschiedener Werkstoffe bei unterschiedlichen Partikelgrößenverteilungen und Temperatur-Zeit-Profilen. Um aus den Ergebnissen der Sinterdilatometrie auf den realen Co-Sinterprozess zu schließen, müssen im Dilatometer und Sinterofen gleiche Sinterbedingungen (Ofenatmosphäre, Sinterparameter) herrschen [38]. Ist diese Voraussetzung erfüllt, sind für den jeweiligen Werkstoff im Sinterdilatometer und im Sinterofen nahezu identische Gefüge und Enddichten zu erwarten. In dieser Arbeit wurde die gute Übereinstimmung der Gefüge zwischen Proben aus der Sinterdilatometrie und dem Sinterofen anhand von lichtmikroskopischen Aufnahmen exemplarisch für die Partikelgrößenverteilungen 15-22 µm und 38-45 µm in Abbildung 4.8 gezeigt. Quantitativ wurde die Übertragbarkeit der Dilatometrie auf den realen Sinterprozess durch eine Gegenüberstellung der Restporositäten bestätigt (Tabelle 4.6). Auch in anderen Arbeiten, wie beispielsweise von Krasokha [89], wurde eine gute Übereinstimmung von Dilatometerproben und Sinterbauteilen hinsichtlich Gefüge und Restporositäten für hochlegierte pulvermetallurgische Stähle festgestellt.

Wie in Kapitel 2.2.2 bereits erwähnt, kann das Sinterverhalten der Materialien in einem gewissen Maße durch Variation der Teilchengröße, der Aufheizrate oder durch Hinzulegieren von Elementen aufeinander angepasst werden. Liegen aber zu große Abweichungen beim Sintern zum Beispiel durch unterschiedliche Wärmeausdehnungskoeffizienten der Materialien vor, sind Spannungen, Verzug und Rissbildung die Konsequenzen. Als sehr kritisch in dieser Hinsicht hat sich das Sinteranfangsstadium herausgestellt [34]. Hier ist der Zusammenhalt der Partikel noch sehr schwach und induzierte Spannungen können nicht durch ein plastisches Fließen ausgeglichen werden. Mittels Sinterdilatometrie ist es schwierig, eine Aussage darüber zu treffen, welche Abweichungen (Mismatch) zwischen den Sinterkurven noch tolerierbar sind und welche nicht. In diesem Fall sind Co-Sinterversuche erforderlich. Ein weiterer wichtiger Gesichtspunkt, der durch die Sinterdilatometrie nicht erfasst werden kann, sind Grenzflächenreaktionen zwischen den Werkstoffen des Verbundes [38]. Sintervorgänge in Mehrkomponentensystemen können rascher oder langsamer ablaufen als in Einkomponentensystemen, was von den vorliegenden Oberflächen- und Grenzflächenspannungen sowie den Wechselwirkungen der Komponenten untereinander abhängt [90]. Grenzflächenreaktionen bzw. Wechselwirkungen der Komponenten, die eine fehlerfreie Verbundausbildung unmöglich machen können, sind ebenfalls nur über Co-Sinterversuche nachweisbar [38].

5.1.2   Übertragbarkeit der Rheometrie auf das Spritzgießen

Oftmals werden zur Charakterisierung des Fließverhaltens Hochdruckkapillarrheometer mit Rundkapillaren verwendet, bei denen der Druck im Vorlagekanal über einen einzelnen Druckaufnehmer ermittelt wird. Die Untersuchung des Druckverlaufs in Abhängigkeit des Fließweges erfordert Einzelmessungen mit unterschiedlichen Kapillarlängen bei konstantem Durchmesser. Zudem müssen die Ein- und Auslaufdruckverluste über das Bagley-Verfahren korrigiert werden [66]. Diese Korrektur setzt einen linearen Druckverlauf voraus. Die Verwendung von Spaltrheometern mit mehreren Druckfühlern ermöglicht die Erfassung auch nichtlinearer Druckverläufe entlang des Fließkanals mit nur einer Messung. Sitzt der erste Druckaufnehmer weit genug vom Einlauf entfernt, spielen Einlaufdruckverluste keine Rolle. Über die Positionierung des letzten Druckaufnehmers nahe des Kanalausgangs können zudem die Auslaufdruckverluste gut abgeschätzt werden. Die Druckverläufe in Abbildung 4.20 und Abbildung 4.21 zeigen, dass die untersuchten Feedstocks keine nennenswerten Auslaufdruckverluste aufweisen. Die Tatsache, dass am Düsenausgang keine Strangaufweitung eintritt, stützt diesen Befund. Beim Spritzgießen treten während der Füllung eines Werkzeugs mit konstantem Fließkanalquerschnitt grundsätzlich keine Auslaufdruckverluste auf.

Die Abhängigkeit der Drücke von den Volumenströmen ist im Rheometer und im Spritzgießwerkzeug deutlich unterschiedlich. Während im Rheometer die Drücke mit zunehmendem Volumenstrom ansteigen (Abbildung 4.20), sind im Spritzgießwerkzeug die gemessenen Drücke über einen weiten Bereich unabhängig vom Volumenstrom (Abbildung 4.29 und Abbildung 4.30). Diese Beobachtungen werden in

Kapitel 5.4.2 aufgegriffen und in einem Modellansatz mit Wandgleiten in Verbindung gebracht.

Im Gegensatz zu Rheometern liegt die Temperatur des Spritzgießwerkzeugs deutlich unter der Schmelzetemperatur. Das bedeutet, dass im Rheometer die Oberfläche mit der Schmelze und die Werkzeugoberfläche während der Formfüllung mit einer erstarrten Randschicht, der sogenannten Spritzhaut, in Kontakt steht. Im Falle von Wandgleiten liegen daher im Rheometer und im Spritzgießwerkzeug unterschiedliche Gleitmechanismen vor. Im Gegensatz zu den Fließkennwerten lässt sich das Wandgleiten somit nicht von Rheometern auf den Spritzgießprozess übertragen. Daher wird vorgeschlagen, an einem mit Druckaufnehmern bestückten Spritzgießwerkzeug, eventuell wie in dieser Arbeit in Form einer Fließspirale ausgeführt, die für das Wandgleiten im Spritzgießwerkzeug relevanten Modelle mit den entsprechenden Parametern zu ermitteln. Diese sind als spezifisch für die Temperatur der Grenzfläche Masse/Werkzeug und die chemische und physikalische Beschaffenheit der Werkzeugoberfläche zu betrachten.

Um das Spritzgießwerkzeug unter ähnlichen Temperaturen wie ein Rheometer zu betreiben, wurde versuchsweise die Werkzeugtemperatur auswerferseitig auf 130 °C und düsenseitig auf 95 °C angehoben. Wie in Abbildung 5.1 zu erkennen ist, reicht ohne eine Abdichtung der Trennebene des Fließkanals durch die Spritzhaut die maximale Schließkraft der Maschine nicht mehr aus, um die Masse während des Füllvorgangs in der Kavität zu halten.

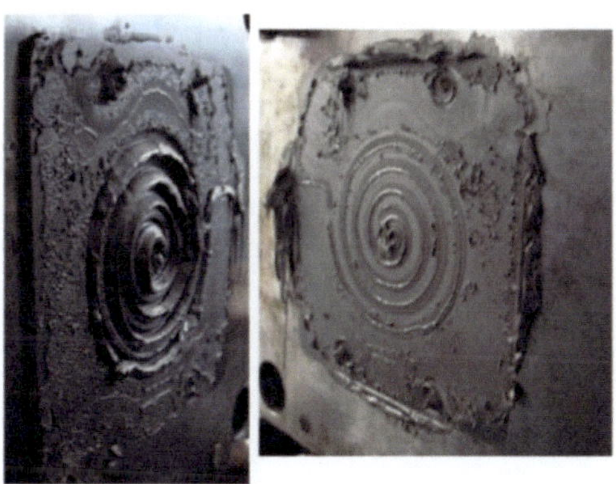

Abbildung 5.1: Fließspiralkavität nach Einspritzen bei Werkzeugtemperaturen von 130 °C/95 °C [85]

5.2 Beurteilung des Einflusses der Partikelgrößenverteilungen für 2K-MIM

In diesem Kapitel wird der Einfluss der Partikelgrößenverteilung auf das Sinterverhalten (Abschnitt 5.2.1), auf das Fließverhalten und Entmischungen beim Spritzgießen (Abschnitt 5.2.2) und auf das Lösemittelenbindern (Abschnitt 5.2.3) zusammenhängend betrachtet und beurteilt.

5.2.1 Einfluss auf das Sinterverhalten

Sowohl die Dilatometermessungen (Abbildung 4.3) als auch die lichtmikroskopischen Gefügeaufnahmen der gesinterten Proben (Abbildung 4.6) verdeutlichen das Potenzial der Partikelgrößenverteilung zur gezielten Beeinflussung des Sinterverhaltens. Bei gleichen Füllgraden und unter identischen Bedingungen sintern die untersuchten Partikelgrößenverteilungen sehr unterschiedlich. Feinere Partikel haben eine geringere Sinterstarttemperatur, eine höhere Sintergeschwindigkeit und führen zu einer höheren Enddichte. In direktem Zusammenhang mit der Partikelgrößenverteilung steht die spezifische Oberfläche, die ein Maß für die Sinteraktivität darstellt. Durch die Herstellung von speziellen Pulvermischungen aus unterschiedlichen Partikelgrößenverteilungen konnte gezeigt werden, dass die Variation der mittleren Partikelgröße bei konstanter Verteilungsbreite zu deutlichen Unterschieden in der spezifischen Oberfläche und damit im Sinterverhalten führt. Die Variation der Verteilungsbreite bei konstanter mittlerer Partikelgröße ergab ähnliche spezifische Oberflächen und damit ein ähnliches Sinterverhalten (Abbildung 4.5). Der Einfluss des Füllgrades im Feedstock auf das Sinterverhalten wurde nicht untersucht, da die Anpassung des Sinterverhaltens zweier Werkstoffe aneinander unter anderem gleiche Enddichten voraussetzt.

Während der in dieser Arbeit gezeigte Einfluss der Partikelgröße auf das Sinterverhalten durch die Fachliteratur geschlossen bestätigt wird, wurden für den Einfluss der Verteilungsbreite bisher unterschiedliche Ergebnisse veröffentlicht. German [91] berichtet, dass für höhere Sinterdichten breite Teilchenverteilungen zu bevorzugen sind. Ebenso stellten Petterson und Benson [92] für ein Pulvergemisch aus Kupfer eine höhere Sintergeschwindigkeit bei breiter Partikelgrößenverteilung fest. Allerdings beobachteten Petterson und Griffin [93] in einer weiteren Arbeit für Wolfram, dass eine enge und breite Pulververteilung zu einer höheren Sinteraktivität führt als eine mittlere Verteilungsbreite. Für Aluminiumoxidpulver verzeichneten Ting und Lin [94] die höchste Sinterdichte für die engste Verteilungsbreite der untersuchten Pulver.

Die sechs Ausgangsfraktionen wurden aus einer Verdüsungscharge über Windsichten gewonnen. Aufgrund der hohen Restporositäten nach dem Sintern eignen sich zumindestens die drei gröbsten Verteilungen (22-32 µm, 32-38 µm und 38-45 µm) nicht für die Herstellung hochbeanspruchter MIM-Bauteile. Eine hohe Porosität kann in Ausnahmefällen durchaus erwünscht sein, zum Beispiel bei der Herstellung von Filtern [9].

Die mechanischen Eigenschaften eines Bauteils sind größtenteils von der erreichten Enddichte und den folgenden Wärmebehandlungen abhängig. Für hochbelastete MIM-Bauteile wird oftmals eine Enddichte > 98 % angestrebt. Ein solches Material ist in den Eigenschaften in etwa vergleichbar mit denen eines schmelzmetallurgisch hergestellten Materials. Um solch hohe Enddichten zu erreichen, sollte neben einer geeigneten Sintertemperatur und Haltezeit eine Partikelgrößenverteilung gewählt werden, die einen deutlichen Feinanteil besitzt. Zudem werden in der Praxis häufig Grobanteile aus der Pulververteilung entfernt.

5.2.2 Einfluss auf das Fließverhalten und Entmischungen

Soll das Sinterverhalten über die Partikelgrößenverteilung verändert werden, so dürfen damit keine negativen Konsequenzen für das Fließverhalten beim Spritzgießen verbunden sein. Zum einen dürfen keine nennenswerten Entmischungen von Partikeln im Bindersystem gerade im Bereich der Grenzfläche auftreten. Zum anderen ist es vorteilhaft, wenn sich die Viskosität mit der für die Anpassung des Sinterverhaltens variierten Partikelgrößenverteilung nur minimal ändert.

Entmischungen

Beim 2K-Pulverspritzgießen sind lokale Entmischungen an der Grenzfläche besonders kritisch einzuschätzen. Beim Spritzgießen keramischer Bauteile sind lokale Entmischungen an der Schmelzefront bekannt. Die Schmelzefront ist nach Gutjahr [95] generell von einem dünnen Film aus Bindermaterial überzogen, so dass beim Aufeinandertreffen der beiden Fronten an der Grenzfläche eine lokale Binderanhäufung entsteht, die nach dem Entbindern oder Sintern zu Fehlern führen kann. Mannschatz et al. [25] stellten an der Grenzfläche zwischen dem inneren und äußeren Ring eines zweikomponentigen Zahnrads eine Binderanreicherung fest, die am Endbauteil eine Schwachstelle darstellt.

Anders als bei Gutjahr [95] und Mannschatz et al. [25], wurden bei den untersuchten Feedstocks keine Entmischungen an der Grenzfläche festgestellt. Für alle untersuchten Partikelgrößenverteilungen wiesen die Grenzflächen eine homogene Verteilung der Partikel auf. Die Voraussetzung für eine intakte Grenzfläche nach dem Sintern ist somit gegeben. Auch unmittelbar an der Werkzeug-Oberfläche sind Partikel vorzufinden, die dort durch die sofortige Erstarrung der Randschicht (Spritzhaut) festgehalten wurden.

Allerdings wurde bei dem Feedstock mit enger Verteilungsbreite der Partikel (σ = 0,35) anhand von rasterelektronenmikrospischen Aufnahmen von ionenstrahl-präparierten Grünkörpern Entmischungen unterhalb der mit Partikeln belegten Oberfläche entdeckt (Abbildung 4.17). Die Entmischungen in diesem Bereich werden in [96] durch ein Herausreißen der Füllstoffpartikel aus der bereits erstarrten Randschicht durch hohe Schergradienten erklärt. Diese bereichsweisen Entmischungen können zu Lunkern im Bauteil oder auch zu einem anisotropen Schwindungsverhalten führen [28].

Die Entmischungsneigung eines Feedstocks hängt maßgeblich von der Abstimmung der Binderkomponenten auf das verwendete Pulver (Pulvermorphologie und Chemie der Pulveroberfläche) ab [23]. Für einen entmischungsstabilen Feedstock ist, wie von Heldele [23] beschrieben, die Verwendung von Dispergatoren hilfreich, da diese die Pulver-Binder-Wechselwirkungen erhöhen können und damit die Entmischungsneigung des Feedstocks minimieren.

Eine Feedstockbewertung bezüglich Entmischungsneigung sollte immer unter Berücksichtigung der Werkzeuggeometrie durchgeführt werden. So beobachteten Wieser und Kunkel [96] beispielsweise je nach untersuchter Probengeometrie stark unterschiedliche Füllstoffverteilungen bei dem gleichem Compound. Um Entmischungseffekte zwischen Binder und Partikel durch den Spritzgießprozess besser zu verstehen, bedarf es weiterer Untersuchungen. Hier würden sich eine größere Variation der Verteilungsbreite σ und eine quantitative Untersuchung der Partikelverteilung über die Fließweglänge sowie an Umlenkstellen im Werkzeug anbieten.

Fließverhalten

Der Einfluss der Partikelgrößenverteilung auf das Fließverhalten von Suspensionen im Hochdruckkapillarrheometer ist in früheren Arbeiten [8][32][72][97] bereits untersucht worden. Dabei handelte es sich bei Windhab [32] und Gleißle [72] um Suspensionen mit Füllgraden von 30 bzw. 45 Vol.-%. Checot-Moinard et al. [8] und Sotomayor et al. [97] untersuchten den Einfluss der Partikelgrößenverteilung an Feedstocks mit Füllgraden, die dem in dieser Arbeit verwendeten Füllgrad von 63 Vol.-% annähernd entsprechen.

In allen genannten Arbeiten decken sich die Beobachtungen, dass mit zunehmender mittlerer Partikelgröße die Fließfunktion zu geringeren Schubspannungen verschoben wird. Eine zunehmende Partikelgröße führt zu einer verringerten Anzahl an Partikeln im System und damit zu geringeren Partikel-Partikel-Wechselwirkungen. Dieser

Effekt ist bei niedrigen Scherraten besonders ausgeprägt, da die Partikel-Partikel-Wechselwirkungen schwache Kräfte sind [88]. Bei höheren Scherraten gleichen sich die scheinbaren Fließfunktionen der untersuchten Partikelgrößenverteilungen zunehmend an (Abbildung 4.23). Das bedeutet für den Spritzgießprozess, bei dem Schergeschwindigkeiten von bis zu 10^5 1/s erreicht werden, dass der Einfluss der mittleren Partikelgröße auf die Änderung des Fließverhaltens beim Spritzgießen als gering zu bewerten ist.

Auch die Verteilungsbreite zeigte beim Spritzgießen keinen wesentlichen Einfluss auf die Viskosität. Grundsätzlich sollte die Spritzgießbarkeit aufgrund der ansteigenden Viskosität mit enger werdender Partikelgrößenverteilung abnehmen [98]. Für eine Absenkung der Viskosität werden breite oder multimodale Partikelgrößenverteilungen empfohlen [99]. Anders als bei Windhab [32], wurde in dieser Arbeit selbst bei geringen Schergeschwindigkeiten im Hochdruckkapillarrheometer keine Auswirkung der Verteilungsbreite auf das Fließverhalten festgestellt. Vermutlich hängt dies damit zusammen, dass die Verteilungsbreiten ($\sigma = 0{,}35$, $\sigma = 0{,}5$ und $\sigma = 0{,}65$) relativ eng beieinander liegen.

Eine Erhöhung des Füllgrades hingegen zeigte sowohl im Hochdruckkapillarrheometer als auch beim Spritzgießen deutlich höhere Viskositäten, was sich mit den Ergebnissen von [8][32][72][97] deckt. Für den Feedstock mit 68 Vol-% und einer Verteilungsbreite von 0,5 war die Viskosität so hoch, dass dieser sich nicht verarbeiten ließ. Auch die Fließ-/Gleitgrenze wird durch Erhöhung des Füllgrades stark beeinflusst. Jedoch liegen die gemessenen Fließ-/Gleitgrenzen weit unter den Schubspannungen, die sich beim Spritzgießen schon bei geringen Einspritzgeschwindigkeiten ergeben.

Fazit

Somit lässt sich festhalten, dass die Variation der mittleren Partikelgröße x_{50} einen großen Effekt beim Sintern zeigte, jedoch das Fließverhalten beim Spritzgießen nur wenig beeinflusst wurde. Keinen nennenswerten Einfluss zeigte die Verteilungsbreite auf das Sinter- und Fließverhalten. Jedoch erfordern Entmischungen, die im oberflächennahen Bereich der Probe für den Feedstock mit schmaler Verteilungsbreite ($\sigma = 0{,}35$) festgestellt wurden, weitere Untersuchungen von Feedstocks, gegebenenfalls mit größeren Unterschieden in der Verteilungsbreite der Pulver.

5.2.3 Auswirkungen auf das Lösemittelentbindern

Zu Beginn der Arbeit wurde davon ausgegangen, dass der bei 1K-Bauteilen bewährte Entbinderungsprozess keinen Einfluss auf die Qualität von 2K-MIM-Bauteilen hat. Jedoch wurde später an 2K-Verbundstäben, bei denen ein Rechteckstab aus Komponente 1 mit einer Komponente 2 der gleichen Dicke überspritzt wurde, ein teilweise drastischer Verzug nach der Lösemittelentbinderung festgestellt. Der Verzug war bei gleichem Metallpulveranteil umso ausgeprägter, je stärker sich die mittlere Partikelgröße x_{50} der Metallpulver der einzelnen Komponenten unterschieden. Dabei erfolgte der Verzug in Richtung der Komponente mit den größeren Partikeln. Offensichtlich treten während der Lösemittelentbinderung durch Quellen und Lösen der Wachskomponente Eigenspannungen auf, die im Falle von 2K-Bauteilen in den einzelnen Komponenten nicht zeitlich synchron verlaufen und so wegen ihrer Asymmetrie zu Biegemomenten führen. Vor der Anpassung des Sinterverhaltens zweier MIM-Feedstocks mit unterschiedlichen Legierungspulvern über die Partikelgrößenverteilung ist deshalb für das jeweilige Verbundbauteil zu klären, ob die bei der Lösemittelentbinderung auftretenden Verzüge toleriert werden können oder durch entgegengerichtete Sinterverzüge ausgeglichen werden müssen.

5.3 Möglichkeiten und Grenzen der Master-Sinter-Kurven

In Kapitel 4.2.5 wurde gezeigt, dass sich das Sinterverhalten für die Partikelgrößenverteilungen 15-22 µm und 22-32 µm für verschiedene Temperatur-Zeit-Profile vorhersagen lässt. Im Folgenden wird die Anwendbarkeit der Master-Sinter-Kurve zur Vorhersage des Sinterverhaltens bei verschiedenen Temperatur-Zeit-Profilen für weitere Partikelgrößenverteilungen überprüft und anhand der Standardabweichungen zwischen Berechnung und Messung bewertet (Abschnitt 5.3.1). Zudem werden in Abschnitt 5.3.2 die Modellparameter der Master-Sinter-Kurve analysiert und es wird diskutiert, ob die Modellparameter den Sinterprozess physikalisch sinnvoll beschreiben. Die über die Master-Sinter-Kurve berechneten Aktivierungsenergien werden mit Literaturangaben und den aus dem Kinetic-Field-Ansatz abgeleiteten Aktivierungsenergien (Abschnitt 5.3.3) verglichen. In Abschnitt 5.3.4 wird die Vorhersage des Sinterverhaltens für verschiedene Partikelgrößenverteilungen diskutiert.

5.3.1 Vorhersage für verschiedene Temperatur-Zeit-Profile

Für alle sechs Partikelgrößenverteilungen lässt sich aus mehreren Sinterkurven mit unterschiedlichen Aufheizgeschwindigkeiten eine Master-Sinter-Kurve (Abbildung 5.2) berechnen, mit deren Hilfe das Schwindungsverhalten für weitere Heizraten vorhergesagt werden kann. Die für die drei Heizraten aus den (korrigierten) Messwerten und berechneten Werten gebildeten Standardabweichungen in Tabelle 5.1 verdeutlichen, dass die Anpassung neben der beispielhaft dargestellten Partikelgrößenverteilung 15-22 µm aus Abbildung 4.11 auch für die übrigen Partikelgrößenverteilungen eine akzeptable Genauigkeit aufweist. Dass die Standardabweichungen mit zunehmender Partikelgröße abnehmen, ist eine Folge der mit zunehmender Partikelgröße abnehmenden Sinterenddichte. Die in Abbildung 5.2 dargestellten Master-Sinter-Kurven enden mit ansteigender Partikelgröße zunehmend unterhalb des Plateaus und können deshalb durch eine vorgegebene Anzahl von Parametern besser angepasst werden. Da die Verdichtungskurve für die Partikelgrößenverteilung <7 µm am vollständigsten von allen untersuchten Verteilungen als s-förmige Kurve ausgeprägt ist, sind die Standardabweichungen in diesem Fall am größten. In Tabelle 7.1 im Anhang sind die ermittelten Parameter aus der Regressionsrechnung für die sechs Partikelgrößenverteilungen zu finden.

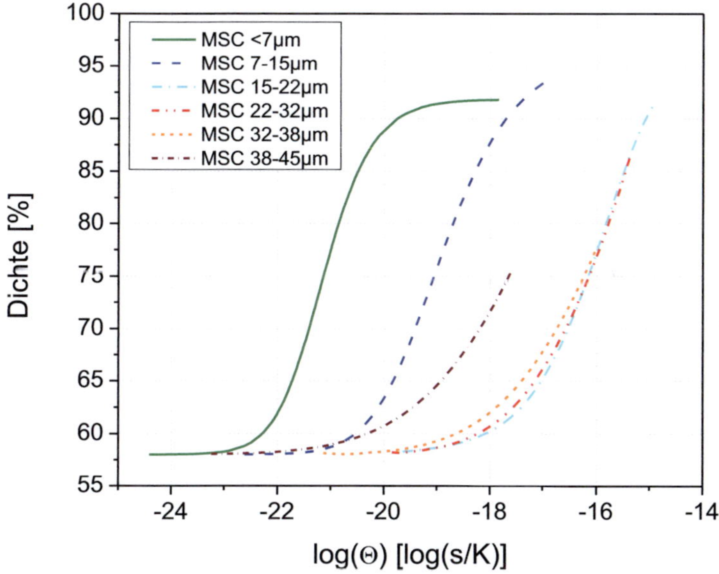

Abbildung 5.2: Master-Sinter-Kurven für sechs verschiedene Partikelgrößenverteilungen

Tabelle 5.1:   Übersicht der Standardabweichungen (Stabw.) in % zwischen Messwerten aus der Sinterdilatometrie und den berechneten Schwindungswerten über die Master-Sinter-Kurve (MSC)

Partikelgrößenverteilung	Stabw.(2,5 K/min) [%]	Stabw.(5 K/min) [%]	Stabw.(10 K/min) [%]
MSC <7 µm	0,4721	0,2686	0,3929
MSC 7-15 µm	0,3714	0,1914	0,3349
MSC 15-22 µm	0,3719	0,2576	0,2840
MSC 22-32 µm	0,2474	0,1848	0,1725
MSC 32-38 µm	0,1667	0,1672	0,1282
MSC 38-45 µm	0,1352	0,1599	0,1053

5.3.2   Analyse der Modellparameter

Analyse des Parameters a und der Aktivierungsenergie Q

Der Parameter a ist direkt mit der Differenz zwischen der Ausgangsdichte und Enddichte der Sinterkurve verknüpft (vgl. Abbildung 2.6). Durch Berechnung des Dichteverlaufs aus den (korrigierten) Schwindungsverläufen der Sinterdilatometrie lässt sich der Parameter a relativ gut abschätzen. In Abbildung 5.3 ist ein Vergleich zwischen den abgeschätzten Werten für den a-Parameter aus der Messkurve mit den Werten aus der Regressionsrechnung für verschiedene Partikelgrößenverteilungen dargestellt. Es wird ersichtlich, dass bei einer Ausgangsdichte der Feedstocks von 58 % für die Partikelgrößenverteilungen 22-32 µm, 32-38 µm und 38-45 µm die Regressionsrechnungen mit anzugleichendem Parameter a zu Enddichten von weit über 100 % Enddichte führen. Bedingt durch die geringere Sinteraktivität der gröberen Pulververteilungen endet der sich auf Messwerte stützende Teil der Master-Sinter-Kurven zunehmend unterhalb des Plateaus der Sinterenddichte, so dass die Extrapolation der MSC auf hohe Sinterdichten zunehmend unsicherer wird. In diesem Fall wird eine Variante der Regressionsrechnung verwendet, bei der a nicht als anzugleichender Parameter, sondern als fest vorzugebende Konstante geführt wird. Auf diese Weise wird ein aus dem Verlauf der Sinterkurven entnommener Wert für a mit einer Enddichte von maximal 100 % der Regressionsrechnung fest vorgegeben.

Liefert eine Regressionsrechnung einen physikalisch nicht sinnvollen Parameter, so sind auch die übrigen Parameter mit Vorsicht zu betrachten. Ein Rückschluss aus den berechneten Aktivierungsenergien auf die vorliegenden Transportmechanismen beim Sintern ist in diesem Fall nicht zulässig.

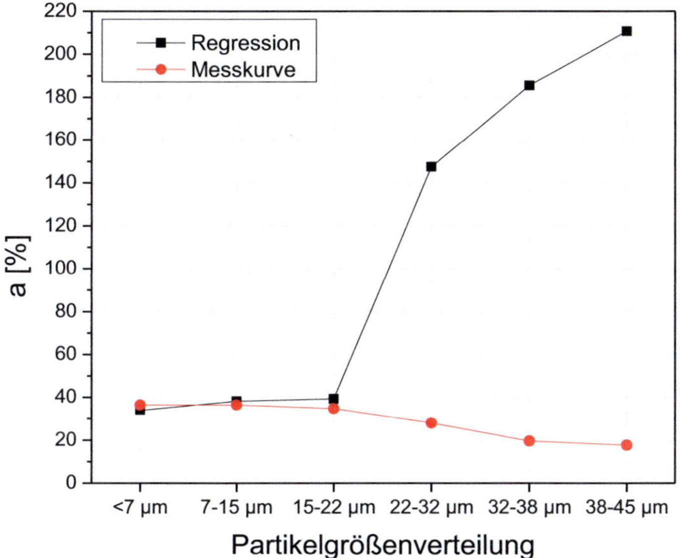

Abbildung 5.3: Werte für den Parameter a aus der Regressionsrechnung und abgeschätzt aus Dichteverläufen der Sinterdilatometrie für verschiedene Partikelgrößenverteilungen

Eine erneute Berechnung der Master-Sinter-Funktionen mit dem Parameter a als vorgegebene Konstante reduziert die Anzahl der anzugleichenden Parameter von fünf auf vier. Abbildung 5.4 zeigt, dass sich die Position und Reihenfolge der Master-Sinter-Kurven auf der Theta-Achse in Abhängigkeit von der Partikelgrößenverteilung im Vergleich zu der Regressionsrechnung mit a als anzugleichendem Parameter aus Abbildung 5.2 komplett geändert hat. Während in Abbildung 5.2 die Master-Sinter-Kurven sich relativ zueinander nicht in der Reihenfolge ihrer Partikelgrößenverteilungen anordnen, ist in Abbildung 5.4 deutlich zu erkennen, dass mit zunehmender Partikelgröße die Master-Sinter-Kurve auf der Theta-Achse zu betragsmäßig höheren Werten verschoben ist. Die Verschiebung gibt die Abhängigkeit der Theta-Funktion (Gleichung (2.18)) von der Aktivierungsenergie Q wieder. Die Aktivierungsenergie nimmt, wie Tabelle 5.2 dargestellt, mit steigender Partikelgröße zu und damit betragsmäßig der Wert von Theta. Da für die gröberen Partikelgrößenverteilungen die Sinteraktivität geringer ist als für die feineren, ist es plausibel, dass die Aktivierungsenergien für gröbere Verteilungen größer sind. Die Werte für die übrigen Parameter (a, b, c und $\log(\Theta_0)$) aus der Regressionsrechnung sind in Tabelle 7.2 im Anhang zusammengefasst. Zusätzlich befindet sich in Tabelle 7.3 eine Übersicht der Standardabweichungen zwischen Messwerten aus der Sinterdilatometrie und den berechneten Schwindungswerten über die Master-Sinter-Kurve (MSC) mit vorgebenem *a*-Parameter.

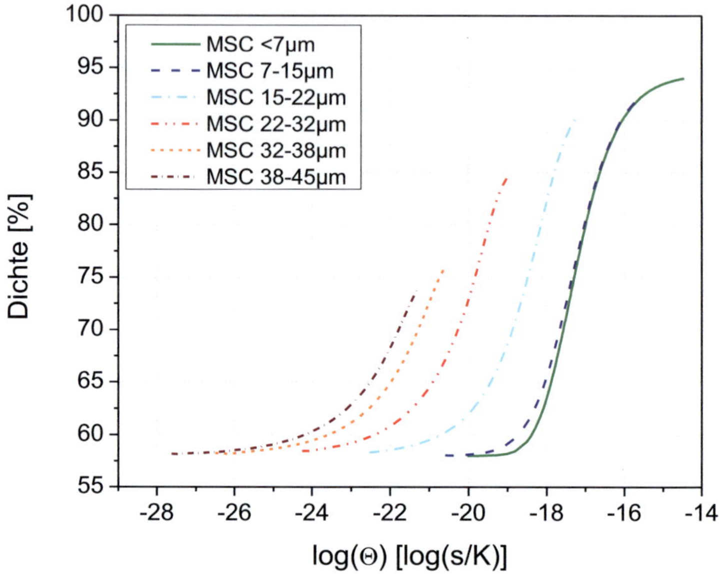

Abbildung 5.4: Master-Sinter-Kurven für sechs verschiedene Partikelgrößenverteilungen mit aus der End-Sinterschwindung vorgegebenem Wert für die *a*-Parameter

Tabelle 5.2:   Ermittelte Aktivierungsenergien aus den Master-Sinter-Kurven für unterschiedliche Partikelgrößenverteilungen mittels Regressionsrechnungen

Partikelgröße	<7 µm	7-15 µm	15-22 µm	22-32 µm	32-38 µm	38-45 µm
Q [kJ/mol]	419	447	500	557	603	623

Vergleich der Aktivierungsenergie Q mit Literaturangaben

Johnson [53] betont, dass das Konzept der Master-Sinter-Kurve auf der Gleichung (2.16) beruht, die für einen dominanten Diffusionsmechanismus gilt. Das Konzept ermöglicht es aber auch, konkurrierende Mechanismen aufzuzeigen [60]. Für den Werkstoff X65Cr13 sind aus der Literatur bisher keine Aktivierungsenergien Q für Sinter- oder Kriechvorgänge bekannt, die es erlauben, direkt auf einen Transportmechanismus zu schließen. Für den rostfreien austenitischen Stahl 316L hingegen werden Aktivierungsenergien von 167 kJ/mol für Korngrenzendiffusion und 280 kJ/mol für Volumendiffusion angegeben [100]. Die Grenzflächendiffusion erfolgt an äußeren Oberflächen (Oberflächendiffusion) oder an inneren Grenzflächen (Korngrenzendiffusion). Gegenüber der Volumendiffusion ist die Aktivierungsenergie für Grenzflächendiffusion erheblich kleiner und auf die weniger feste Bindung der Bausteine in den Grenzflächen zurückzuführen, die zudem stärker gestörte Bereiche darstellen [101]. Der Transportmechanismus ändert sich in Abhängigkeit von Druck, Temperatur und Korngröße [49]. Da die Sinterdilatometrie in dieser Arbeit ohne Lastaufbringung (drucklos) und bei den gleichen Temperatur-Zeit-Profilen durchgeführt wurden, wird in diesem Fall der Transportmechanismus über die Partikelgröße beeinflusst. Langer [49] weist am Beispiel einer Sinterkarte von Al_2O_3 darauf hin, dass für feinere Pulver aufgrund einer geringeren Aktivierungsenergie die Korngrenzendiffusion begünstigt wird. Mit zunehmender Partikelgröße steigt das Volumen im Verhältnis zur Grenzfläche. Aus diesem Grund ist davon auszugehen, dass mit zunehmender Partikelgröße die Volumendiffusion dominiert. Nach Schatt [46] sind Sintervorgänge in der festen Phase diffusionskontrollierte Vorgänge, bei denen Oberflächen-, Korngrenzen- und Volumendiffusion überlagert auftreten. Die Art der Überlagerung wird von der Partikelgröße bestimmt [3]. Aus Tabelle 5.2 wird deutlich, dass mit zunehmender Partikelgröße die Aktivierungsenergie Q steigt. Die Aktivierungsenergien stellen vermutlich eine Überlagerung mehrerer Mechanismen dar und sind möglicherweise deshalb deutlich höher als die Aktivierungsenergien von 316L, die jeweils nur für einen Diffusionsmechanismus angegeben sind. Die Pulververteilungen mit kleinerer Partikelgröße weisen im Verhältnis einen größeren Anteil an Grenzfläche auf, wodurch die Korngrenzendiffusion dominieren dürfte, die eine geringere Aktivierungsenergie benötigt als die Volumendiffusion, die bei größeren Partikeln überwiegt.

Die ermittelten Aktivierungsenergien aus der Master-Sinter-Kurve hängen zudem von den gewählten Fitfunktionen bzw. Theta-Funktionen ab. Johnson [60] verglich die Aktivierungsenergie, die sich aus der Berechnung mit der s-förmigen Fitgleichung nach Teng [59] ergab, mit der Aktivierungsenergie aus einem Fit mit einer polynomialen Fitfunktion. Für die gleichen Ausgangsdaten des Materials ZnO erhielt er mit der s-förmigen Funktion 350 kJ/mol und für die Polynom-Funktion 310 kJ/mol. Zwei weitere Angaben zur Aktivierungsenergie für ZnO machten Chu et al. [102] mit 210 kJ/mol und Gupta/Coble [103] mit 276 ±13 kJ/mol. Die Unterschiede in den Aktivierungsenergien für das gleiche Material zeigen, dass die Interpretation der Ergebnisse nicht einfach ist. Je nach Fitfunktion [60] oder auch Temperatur-Zeit-Profilen der Ausgangsdaten [104] ändert sich die Aktivierungsenergie für das gleiche Material.

Variation der Theta-Funktion

Neben der in dieser Arbeit verwendeten Theta-Funktion (Gleichung (2.18)), die die reziproke Temperatur T beinhaltet, nutzt Park [55] eine Theta-Funktion ohne den Term $1/T$:

$$\Theta\big(t, T(t)\big) = \int_0^t \exp\left(-\frac{Q}{R \cdot T}\right) \cdot dt \qquad (5.1)$$

Bezüglich der Güte der Anpassung der Master-Sinter-Kurven an die gemessenen Sinterdichten unterscheiden sich die Theta-Funktionen nach Gleichung (2.18) oder (5.1) nicht nennenswert. Allerdings ergeben sich je nach Wahl der Theta-Funktion unterschiedliche Aktivierungsenergien. Abbildung 5.5 zeigt die gemessenen und berechneten Schwindungsverläufe für drei Temperatur-Zeit-Profile der Partikelgrößenverteilung 15-22 µm und deren Standardabweichungen, die nahezu für beide Theta-Funktionen identisch sind. Die Aktivierungsenergie unterscheidet sich in diesem Fall um 36 kJ/mol. Für die Genauigkeit der Vorhersage des Sinterverhaltens ist es nicht ausschlaggebend, welche Theta-Funktion verwendet wird. Lediglich die Aktivierungsenergie ändert ihren Betrag geringfügig.

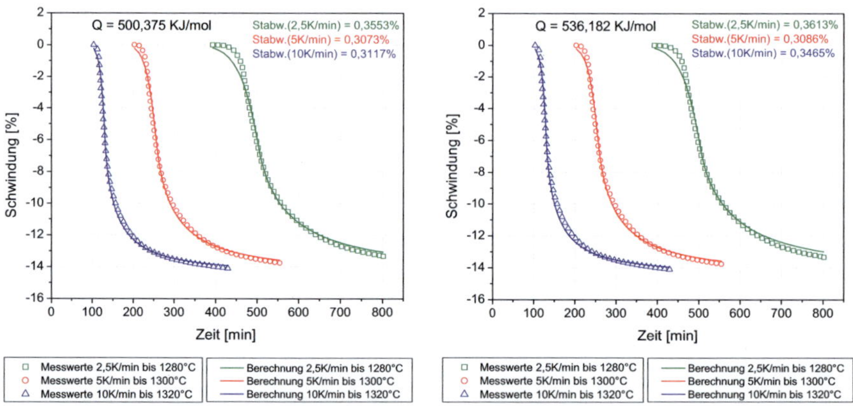

Abbildung 5.5: Vergleich der Messwerte aus Dilatometermessungen und der Berechnung der Schwindungsverläufe aus der MSC für 15-22 µm mit Theta-Funktion mit $1/T$ Term aus Gleichung (2.18) (links) und ohne $1/T$ aus Gleichung (5.1) (rechts)

Es lässt sich nachweisen, dass sich ähnliche Sintermodelle nicht anhand unterschiedlich enger Anpassungen an gemessene Sinterverläufe bewerten lassen. Für hohe Aktivierungsenergien Q und Temperaturen T, wie sie für das Sintern von Metall- oder

Keramikpulvern üblich sind, lässt sich jede Funktion $T^{n_1}\exp(-Q_1/RT)$ durch eine Funktion $T^{n_2}\exp(-Q_2/RT)$ approximieren. Hierzu werden Funktionswerte für vorgegebene Werte n_1 und Q_1 generiert und für einen frei gewählten Exponenten n_2 durch Anpassung von Q_2 approximiert. Die Nichtunterscheidbarkeit existiert zumindest solange die Exponenten n_1 und n_2 zwischen +1 und -2 vorgegeben werden. Da diese Äquivalenz bezüglich der Regression auch die Funktion $T^{-2}\exp(-Q/RT)$ umfasst, kann anstelle von Gleichung (5.1) ebenso die entsprechende Theta-Funktion

$$\Theta\big(t,T(t)\big) = \int_0^t \frac{1}{T^2} \cdot \exp\left(-\frac{Q}{R \cdot T}\right) \cdot dt \qquad (5.2)$$

verwendet werden. Diese weist den Vorteil auf, dass sie für konstante Aufheizgeschwindigkeiten geschlossen integrierbar ist.

Fazit

Der anzugleichende Parameter a, der die Differenz zwischen Ausgangs- und Enddichte beschreibt, sollte physikalisch sinnvolle Werte annehmen. Führt der durch Ausgleichsrechnung erhaltende a-Parameter zu Enddichten über 100 %, sollte er statt dessen aus den Messwerten der Sinterdilatometrie abgeschätzt werden und in der Regressionsrechnung als Konstante vorgegeben werden. Besteht das Ziel darin, eine Vorhersage des Schwindungsverhaltens durchzuführen, ohne Rückschlüsse auf Sintermechanismen zu ziehen wollen, bietet es sich an, die Master-Sinter-Kurve mit a als anzugleichenden Parameter zu berechnen. In diesem Falle sind alle Parameter als reine Fitparameter zu betrachten. Im Vergleich zu einem fest vorgegebenen Wert für a führt diese Vorgehensweise zu etwas geringeren Standardabweichungen zwischen den gemessenen und berechneten Werten, wie ein Vergleich der Standardabweichungen aus Abbildung 5.5 mit Abbildung 4.11 zeigt.

5.3.3   Vergleich mit dem Kinetic Field Ansatz

Beim MSC-Konzept wird für den gesamten Sinterprozess eine konstante Aktivierungsenergie vorausgesetzt. Der Kinetic-Field-Ansatz (Kapitel 2.4.2), der auf der gleichen Basisgleichung (Gleichung (2.16)) wie das MSC-Konzept beruht, ermöglicht die Ermittlung von Aktivierungsenergien in Abhängigkeit von der Sinterschwindung.

In Abbildung 5.6 ist das Kinetic-Field für eine Partikelgrößenverteilung von 15-22 µm dargestellt. Punkte mit gleicher Schwindung sind auf den Kurven unterschiedlicher Aufheizgeschwindigkeiten miteinander verbunden und stellen Iso-Schwindungslinien dar. Über einen linearen Fit lassen sich ihre Steigungen berechnen, aus denen sich nach Gleichung (2.21) die Aktivierungsenergien ergeben.

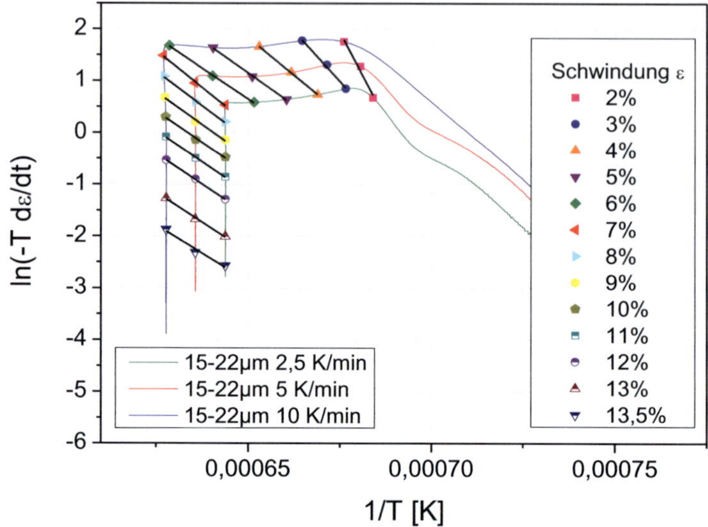

Abbildung 5.6: Kinetic-Field: Berechnung der Aktivierungsenergie Q über Isoschwindungslinien für die Partikelgrößenverteilung 15-22 µm

Abbildung 5.7 zeigt die Aktivierungsenergien in Abhängigkeit des Sinterfortschritts für die Partikelgrößenverteilung 15-22 µm, die über die Steigungen der Iso-Schwindungslinien zwischen Kurven mit unterschiedlicher Aufheizgeschwindigkeit aus Abbildung 5.6 berechnet wurden. Nach einer Sinterschwindung von 4 % pendelt sich die Aktivierungsenergie auf Werte zwischen 400 kJ/mol und 450 kJ/mol ein. Diese Aktivierungsenergien sind der ermittelten Aktivierungsenergie über die Master-Sinter-Kurve von 500 kJ/mol für dieselben Ausgangsdaten von 15-22 µm (Tabelle 5.2) sehr ähnlich. Die über den Kinetic Field Ansatz ermittelten Aktivierungsenergien $Q(\varepsilon)$ zeigen bei allen untersuchten Pulverfraktionen eine ähnliche Abhängigkeit: Hohe Werte im Anfangsstadium, die sich im weiteren Verlauf ab ca. 4 % Schwindung asymptotisch einem niedrigeren Wert annähern.

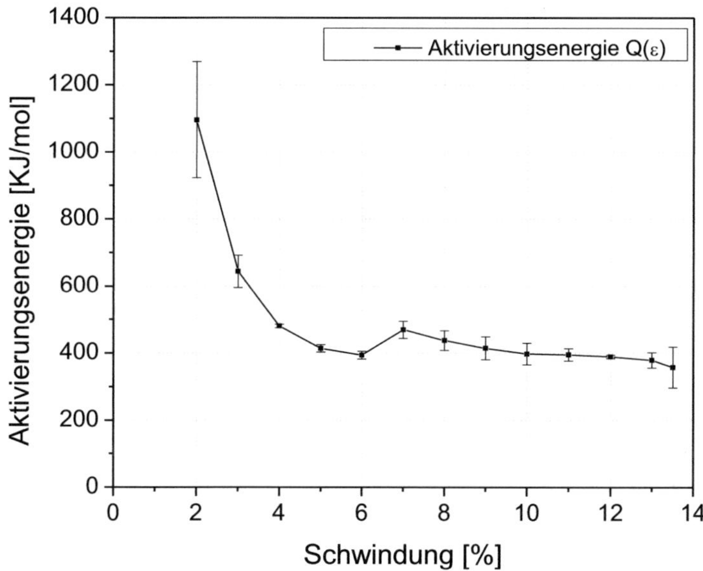

Abbildung 5.7: Aktivierungsenergie Q in Abhängigkeit der Sinterschwindung für die Partikelgrößenverteilung 15-22 µm

Die Aktivierungsenergie darf, ähnlich der Auswertung der Master-Sinter-Kurve, nur mit Vorsicht interpretiert werden. Es ergibt sich auch hier nicht die Aktivierungsenergie eines einzelnen Transportvorganges, sondern eine scheinbare Aktivierungsenergie, die sich aus allen thermisch aktivierten Vorgängen beim Sintern zusammensetzt. Dass die Aktivierungsenergie zu Beginn des Sinterprozesses deutlich höher ist, liegt nach Raether und Schulze Horn [104] an der Oberflächendiffusion, obwohl diese, verglichen mit der Korngrenzendiffusion und Volumendiffusion, die geringste Aktivierungsenergie aufweist. Die Oberflächendiffusion setzt in der Aufheizphase als erster Transportvorgang ein und führt zu einem steigenden Partikelkontakt. Damit verbunden ist eine Abnahme der Sinteraktivität, aber keine Sinterschwindung. Bei geringeren Heizraten (z.B. 2,5 K/min) ist der relative Beitrag der Oberflächendiffusion größer als bei höheren Heizraten (z.B. 10 K/min). Das führt dazu, dass sich die Iso-Schwindungspunkte bei geringen Heizraten nach links im Kinetic Field, das heißt zu höheren Temperaturen hin verschieben. Hierdurch wird die Steigung der Iso-Schwindungslinie erhöht und damit steigt die scheinbare Aktivierungsenergie an [105]. Bei steigender Temperatur nimmt der Beitrag der Korngrenzen- und Volumendiffusion zu und der beschriebene Effekt nimmt ab [65].

5.3.4   Vorhersage für verschiedene Partikelgrößenverteilungen

An und Johnson [106] zeigten, dass sich die Master-Sinter-Kurve für uniaxiales Heiß-pressen (Drucksintern) zu einer Master-Sinter-Fläche (engl. Master-Sintering-Surface) erweitern lässt. Dabei trugen sie auf der dritten Achse den Druck auf. Das ermöglichte ihnen die Vorhersage von Schwindungsverläufen druckgesinterter Proben für ver-schiedene Drücke. In der vorliegenden Arbeit wurde beabsichtigt, das Schwindungs-verhalten für verschiedene Partikelgrößenverteilungen vorherzusagen. Die Sinter-dilatometrie von Partikelgrößenverteilungen mit konstanter mittlerer Partikelgröße und variierender Verteilungsbreite und umgekehrt ergab, dass die mittlere Partikel-größe x_{50} für den verwendeten Werkstoff das für die Sintergeschwindigkeit bestim-mende Maß darstellt. Aus diesem Grund wurde die Kenngröße x_{50} auf der dritten Achse aufgetragen. Wie das Ergebnis aus Abbildung 4.14 zeigt, führt die Vorhersage des Schwindungsverhaltens aus der interpolierten Master-Sinter-Kurve von 7-15 µm zu Standardabweichungen von bis zu 1 %. Die Master-Sinter-Kurve 7-15 µm wurde dabei aus den Parametern der Master-Sinter-Kurven <7 µm und 15-22 µm, bei denen der Parameter a einen anzugleichenden Parameter darstellt, berechnet. Wie in Kapitel 5.3.1 diskutiert, ergeben sich dadurch zumindest für den Parameter a physika-lisch nicht sinnvolle Werte.

Aus diesem Grund wurde die Vorhersage des Schwindungsverlaufs aus der interpo-lierten Master-Sinter-Kurve 7-15 µm wiederholt (Abbildung 5.8). Im Gegensatz zu Abbildung 4.13 erfolgte die Interpolation der Master-Sinter-Kurve 7-15 µm durch die Master-Sinter-Kurven <7 µm und 15-22 µm, deren a-Parameter letztlich aus den Messwerten der Sinterdilatometrie bestimmt wurden. Die graphische Darstellung lässt eine gute Übereinstimmung der Vorhersage mit den Messwerten vermuten. Durch Berechnung der Standardabweichungen wird jedoch deutlich, dass die Abweichungen bis zu 1,25 % betragen. Diese Abweichungen sind in Anbetracht einer Gesamt-schwindung von ca. 14 bis 15 % zu hoch, um zur rechnerischen Anpassung der zeitli-chen Sinterverläufe unterschiedlicher Werkstoffe herangezogen zu werden. Die Ursache für die deutlichen Abweichungen liegt in dem sehr unterschiedlichen Sinter-verhalten der verschiedenen Partikelgrößenverteilungen. Vor allem in der Enddichte unterscheiden sich die Pulverfraktionen deutlich. Dies führt zu ungleichen Master-Sinter-Kurven und damit zu großen Unterschieden in den Parametern. Im Unterschied hierzu führte bei An und Johnson [106] die Variation der Drücke beim heißiso-statischen Pressen zu wesentlich geringeren Veränderungen der Sinterkurven und Enddichten und damit zu Master-Sinter-Kurven, die sich relativ ähnlich sind.

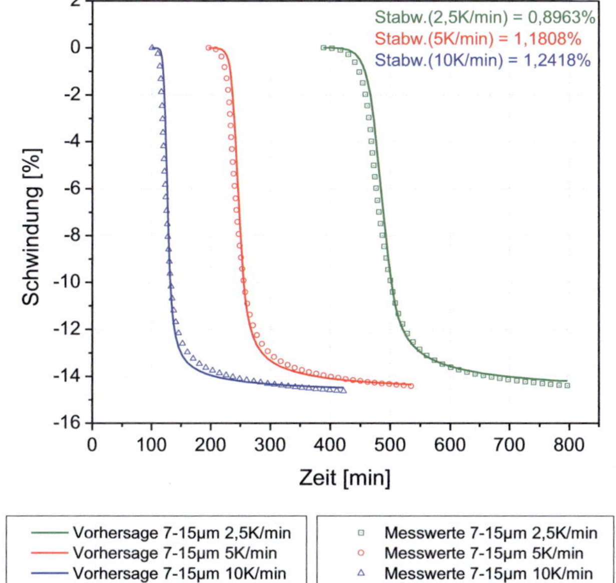

Abbildung 5.8: Vorhersage des Schwindungsverlaufs bei drei Heizraten über die interpolierte Master-Sinter-Kurve 7-15 µm und Vergleich mit Messwerten aus der Sinterdilatometrie für die Partikelgrößenverteilung 7-15 µm. Die Interpolation der Master-Sinter-Kurve erfolgte durch die Master-Sinter-Kurven <7 µm und 15-22 µm, deren a-Parameter durch die Endschwindungen der Sinterdilatometrie bestimmt wurden.

5.4 Modellierung des Wandgleitens

In Abschnitt 5.4.1 werden bisherige Ansätze zur Modellierung von Wandgleiten aufgezeigt, auf die Ergebnisse zum Gleitverhalten in Kapitel 4.4 bezogen und diskutiert, warum diese Ansätze nicht geeignet sind. In Abschnitt 5.4.2 wird ein neuer Ansatz zur Beschreibung von druck- und geschwindigkeitsabhängigem Wandgleiten vorgestellt und schließlich in Abschnitt 5.4.3 mit Messungen verifiziert.

5.4.1 Bisherige Ansätze zur Beschreibung von Wandgleiten

Bei der Ermittlung der Fließkennwerte aus Messungen mit Rheometern muss das Gleiten an der Rheometerwand berücksichtigt werden. Die Ergebnisse zum Wandgleitverhalten in Kapitel 4.4.3 beruhen auf der Annahme von konstanten Wandgleitgeschwindigkeiten im Fließkanal. Nach Gleichung (2.40) hängt die Wandgleitgeschwindigkeit nur von der Wandschubspannung τ_w und der Gleitgrenze τ_1 und nicht vom Druck p ab. Die Gültigkeit dieser Gleichung setzt zwingend einen linearen Druckverlauf entlang des Fließwegs voraus. Bei den von Windhab [32] untersuchten Suspensionen ist diese Bedingung erfüllt. Länger [107] und eigene Messungen (Abbildung 4.20 und Abbildung 4.21) zeigen jedoch, dass Drücke in Fließkanälen nichtlinear verlaufen können. Stuft man eine eventuelle Druckabhängigkeit der Viskosität [108] als vernachlässigbar ein, so muss bei nichtlinearen Druckverläufen die Wandschubspannung neben der Gleitgeschwindigkeit zusätzlich vom Druck abhängen.

Uhland [77] beschreibt das Wandgleiten durch die Reibung zwischen Partikeln und Wand und damit rein druckabhängig. Er verwendet dazu den Ansatz der Coulombschen Reibung mit der Reibungszahl μ.

$$F_R = \mu \cdot F_N \tag{5.3}$$

Da sich die Reibkraft F_R als auch die Normalkraft F_N auf die selbe Fläche beziehen, ergibt sich zwischen der Wandschubspannung und dem Druck der Zusammenhang

$$\tau_w = \mu \cdot p \tag{5.4}$$

wobei die Wandschubspannung über die bekannte Beziehung (2.29)

$$\tau_w = \left(-\frac{dp}{dz}\right) \cdot \frac{R}{2} \tag{2.29}$$

mit dem (lokalen) Druckgradienten verknüpft ist.

Durch Einsetzen der Gleichung (2.29) in (5.4) ergibt sich der Druckgradient in Achsrichtung z eines Rohres für den Fall des „Coulombschen Wandgleitens".

$$\left(-\frac{dp}{dz}\right) = \frac{2 \cdot p \cdot \mu}{R} \qquad (5.5)$$

Daraus wird ersichtlich, dass dp/dz vom örtlichen Druck p selbst abhängt. Die Integration der Gleichung (5.5) liefert den Druckverlauf im Gleitbereich,

$$p = p_A \cdot \exp\left[\frac{2 \cdot \mu}{R} \cdot (L - z)\right] \qquad (5.6)$$

wobei p_A der Druck am Ausgang (Ausgangsdruckverlust) des Rohres ($z = L$) ist.

Unter Annahme von Coulombscher Reibung nimmt der Druck ausgehend vom Ausgangsdruckverlust mit zunehmendem Abstand vom Auslauf exponentiell zu. Zu beachten ist bei diesem Ansatz, dass zur Beschreibung der Druckverläufe entlang des Fließweges ein Druck p_A am Ausgang vorliegen muss. Im instationären Fall, das heißt bevor das Fluid den Kanalausgang erreicht, ist der Ausgangsdruckverlust null. Damit kann sich über die gesamte Länge kein Druck aufbauen. Der Ansatz über die Coulombsche Reibung setzt voraus, dass die Wandschubspannung nur vom Druck und nicht von der Wandgleitgeschwindigkeit abhängt.

Windhab [32] hingegen weist auf die deutliche Abhängigkeit der gemessenen Wandschubspannung von der Gleitgeschwindigkeit bei seinen Experimenten hin, vernachlässigt jedoch eine eventuelle Druckabhängigkeit.

Länger [107] zeigte anhand der Untersuchung zweier keramischer Massen, dass sich deren Fließverhalten nicht unter der Annahme von Coulombscher Reibung in Gleichung (5.4) beschreiben lässt. Keine der beiden Massen zeigte eine lineare Abhängigkeit zwischen Wandschubspannung und Druck. Eine Masse wies eine konstante Wandschubspannung über dem Druck auf, die andere Masse einen degressiven Schubspannungsverlauf. Der nichtlineare Druckverlauf der zweiten Masse zeigt, dass bei Wandgleiten die Druckabhängigkeit der Wandschubspannung nicht von vornherein ausgeschlossen werden darf.

Auch Reher [109], der sich mit Wandgleiteffekten bei der Verarbeitung von Kunststoffen beschäftigte, weist daraufhin, dass die Druckabhängigkeit der Wandgleitgeschwindigkeit berücksichtigt werden muss.

Fazit

Für Wandschubspannungen, die entweder eine reine Druckabhängigkeit oder sowohl eine Druck- als auch Geschwindigkeitsabhängigkeit aufzeigen, sind somit die Gleitgesetze aus den Gleichungen (2.40) und (5.4) nicht geeignet. Im folgenden Kapitel wird deshalb eine Abhängigkeit der Wandschubspannung von Druck und Geschwindigkeit eingeführt. Hierzu wird das Reibungsgesetz nach Stribeck [110][111] zur Beschreibung von Gleitlagern auf das Wandgleiten von Fluiden übertragen.

5.4.2   Modellbetrachtung zum druckabhängigen Wandgleiten

Die gemessenen nichtlinearen Druckverläufe sind zwingend mit einer ortsabhängigen Wandschubspannung verknüpft. Im Folgenden soll deshalb ein Ansatz vorgestellt werden, der durch Koppelung von Modellen für das Scherfließen und das Wandgleiten über eine ortsabhängige Wandschubspannung zu nichtlinearen Druckverläufen führt.

Fließmodell

Die am Hochdruckkapillarrheometer (Abbildung 4.22, Abbildung 4.23 und Abbildung 4.24) ermittelten Fließkurven der Feedstocks zeigen strukturviskoses Verhalten. Zu ihrer Beschreibung bietet sich der Potenzansatz von Ostwald - de Waele an, der alternativ zu Gleichung (2.26) teilweise folgendermaßen in der Literatur [68] [112] formuliert wird:

$$\phi \cdot \tau^m = \dot{\gamma} \qquad (5.7)$$

Hierbei wird ϕ als Fluidität und m als Fließexponenten bezeichnet. Im Falle newtonscher Fluide ($m = 1$) stellt die Fluidität den Kehrwert der dynamischen Viskosität dar. Der Fließexponent m beschreibt die Abweichung vom newtonschen Fließverhalten. Je größer m, desto strukturviskoser verhält sich die Masse. Für die Umrechnung von Gleichung (2.26) in Gleichung (5.7) gilt:

$$k = \phi^{\frac{-1}{m}} \quad \text{und} \quad n = \frac{1}{m} \qquad (5.8)$$

Der Potenzansatz berücksichtigt keine Fließgrenzen. Da aber die ermittelten Schubspannungen aus Kapitel 4.4.2 schon bei niedrigen Schergeschwindigkeiten deutlich über den gemessenen Fließgrenzen aus Kapitel 4.4.1 liegen, ist durch die Vernachlässigung der Fließgrenze kein größerer Fehler zu erwarten. Eine Berücksichtigung der Fließgrenze τ_0 ist prinzipiell möglich, beispielsweise indem statt des Potenzansatzes nach Ostwald - de Wale die Fließfunktion nach Hershel-Bulkley (Gleichung (2.28)) verwendet wird.

Nach Einsetzen des Geschwindigkeitsgradienten $-dv(r,z)/dr$ anstelle der Schergeschwindigkeit $\dot{\gamma}(r,z)$ und der Schubspannung $\tau(r,z)$ aus Gleichung (2.29) geht die Gleichung (5.7) über in

$$-\frac{dv(r,z)}{dr} = \phi \cdot \left(\frac{r}{2}\right)^m \cdot \left(-\frac{dp}{dz}\right)^m \qquad (5.9)$$

Durch Integration von Gleichung (5.9) über r ergibt sich die lokale Axialgeschwindigkeit $v(r,z)$:

$$v(r,z) = \frac{\phi}{2^m \cdot (m+1)} \cdot \left(-\frac{dp}{dz}\right)^m \cdot r^{m+1} + C \qquad (5.10)$$

Wird die Integrationskonstante C durch die zunächst unbekannte lokale Wandgleitgeschwindigkeit $v(R,z) = v_g(z)$ entsprechend

$$C = \frac{\phi}{2^m \cdot (m+1)} \cdot \left(-\frac{dp}{dz}\right)_{\mathrm{WG}}^m \cdot R^{m+1} + v_g(z) \qquad (5.11)$$

ausgedrückt, so ergibt sich für die lokale Geschwindigkeitsverteilung über dem Rohrquerschnitt:

$$v(r,z) = v_g(z) + \frac{\phi}{2^m \cdot (m+1)} \cdot \left(-\frac{dp}{dz}\right)_{\mathrm{WG}}^m \cdot (R^{m+1} - r^{m+1}) \qquad (5.12)$$

Durch Einsetzen von $v(r,z)$ aus Gleichung (5.12) in Gleichung (2.30) lässt sich die lokale Wandgleitgeschwindigkeit $v_g(z)$ durch den Volumenstrom $\dot{V}$ und den lokalen Druckgradienten $-dp/dz$ ausdrücken:

$$v(R,z) = v_g(z) = \frac{\dot{V}}{\pi \cdot R^2} - \frac{\phi}{2^m \cdot (m+3)} \cdot \left(-\frac{dp}{dz}\right)_{\mathrm{WG}}^m \cdot R^{m+1} \qquad (5.13)$$

Im Falle von Wandhaftung ($v(R,z) = 0$) ergibt sich der entsprechende Druckgradient $(-dp/dz)_{\mathrm{WH}}$ aus Gleichung (5.13) als eine ortsunabhängige Größe:

$$\left(-\frac{dp}{dz}\right)_{\mathrm{WH}} = \frac{2}{R} \cdot \left[(m+3) \cdot \frac{\dot{V}}{\pi \cdot \phi} \cdot \frac{\dot{V}}{R^3}\right]^{\frac{1}{m}} \qquad (5.14)$$

Gleitmodell

Die Druckmessungen mit mehreren Druckaufnehmern in der Schlitzdüse ergaben für alle untersuchten Feedstocks nichtlineare Druckverläufe (Abbildung 4.21). Eine mögliche Erklärung liefert eine Druckabhängigkeit des Gleitverhaltens. Liegt ein druck-

und geschwindigkeitsabhängiges Wandgleitverhalten vor, bietet sich die Formulierung eines Gleitmodells in Anlehnung an die Stribeck-Kurve [110][111] an. Diese beschreibt die Reibung in Gleitlagern. Die Abschnitte der Kurve, welche sich auf Mischreibung und hydrodynamische Reibung beziehen, lassen sich als Abhängigkeit der Wandschubspannung von der Flächenpressung p und der Gleitgeschwindigkeit v_g mit μ als Proportionalitätskonstante darstellen.

$$\tau = \mu \cdot f(p, v_g) \tag{5.15}$$

Die Übertragung auf das Wandgleiten von Fluiden führt zu einem Zusammenhang zwischen der Wandschubspannung $\tau_w(z)$, der Gleitgeschwindigkeit $v_g(z)$ und dem Druck $p(z)$. Durch Einsetzen der Gleichung (5.15) in die Gleichung (2.29) für die Wandschubspannung erhält man den lokalen Druckgradienten als Funktion des Druckes und der Gleitgeschwindigkeit.

$$\left(-\frac{dp}{dz}\right)_{\mathrm{WG}} = \frac{2}{R} \cdot \tau_w(z) = \frac{2}{R} \cdot \mu \cdot f(p, v_g) \tag{5.16}$$

Bei Annahme einer ausschließlich von der Gleitgeschwindigkeit abhängigen Gleitfunktion $\tau = f(v_g)$, wird der Druckgradient ortsunabhängig und damit der Druckabfall im Fließkanal linear. Nur unter dieser Voraussetzung darf das in Kapitel 2.5.5 erläuterte Mooney-Verfahren zur Berechnung der Gleitgeschwindigkeit angewandt werden.

Eine reine Druckabhängigkeit der Gleitfunktion $\tau = f(p)$ hingegen kann durch einen Potenzansatz bezüglich des Druckes beschrieben werden. Der entsprechende Druckgradient lautet:

$$\left(-\frac{dp}{dz}\right)_{\mathrm{WG}} = \frac{2 \cdot \mu}{R} \cdot p^s \tag{5.17}$$

Für $s = 1$ entspricht dies einem linearen Zusammenhang zwischen der Wandschubspannung und dem Druck. Dieser Fall einer Coulombschen Reibung wurde in Kapitel 5.4.1 betrachtet.

Durch Integration von Gleichung (5.17) zwischen den Grenzen L und z bzw. entsprechend p_A (Auslaufdruck) und $p(z) = p_{WG}$ ergibt sich der axiale Druckverlauf im Gleitbereich zu

$$p_{WG} = \left[p_A^{1-s} + 2 \cdot \mu \cdot (1-s) \cdot \frac{(L-z)}{R}\right]^{\frac{1}{1-s}} \tag{5.18}$$

und der Druckgradient durch Ableiten entsprechend zu:

$$\left(-\frac{dp}{dz}\right)_{\mathrm{WG}} = \frac{2 \cdot \mu}{R} \cdot \left[p_A^{1-s} + 2 \cdot \mu \cdot (1-s) \cdot \frac{(L-z)}{R}\right]^{\frac{s}{1-s}} \qquad (5.19)$$

Die Gleichung (5.18) impliziert, dass der Druckverlauf längs des Rohrabschnitts, in dem Wandgleiten auftritt, weder von der Fluidität ϕ noch vom Fließexponenten m des Fluids abhängt. Der Volumenstrom $\dot{V}$ beeinflusst den Druckverlauf nur indirekt über den Auslaufdruckverlust. Für $p_A = 0$ entfällt auch dieser Einfluss und der Druck wird ausgehend vom Rohrende ($z = L$) bis zum Einsetzen von Wandhaftung nur durch die Proportionalitätskonstante μ und dem Gleitexponenten s bestimmt.

Kombination von Wandhaftung und Wandgleiten

Das Wandgleiten kann sich entweder über die gesamte Länge L zwischen Druckaufnehmer und Auslauf oder nur über einen Teilbereich erstrecken. Im letzteren Fall liegt von $z = 0$ bis zu einer Position von $z = z_1$ Wandhaftung und von z_1 bis zum Auslauf ($z = L$) Wandgleiten vor, wobei die Gleitgeschwindigkeit in Fließrichtung mit zunehmendem Abstand von z_1 zunimmt. An der Stelle z_1 des Übergangs von Wandhaften zu Wandgleiten ist die Wandschubspannung $\tau_W(z_1)$ unabhängig davon, ob in die Gleichung (2.29) der Druckgradient für Wandhaftung aus der Gleichung (5.14) oder für Wandgleiten aus Gleichung (5.19) eingesetzt wird. Somit gilt am Übergang z_1:

$$\left(-\frac{dp}{dz}\right)_{\mathrm{WH}} = \left(-\frac{dp}{dz}\right)_{\mathrm{WG}} \qquad (5.20)$$

Nach Einsetzen der beiden Gleichungen in Gleichung (5.20) folgt die Länge des Gleitbereichs $L\text{-}z_1 = L_1$ bzw. die relative Länge des Gleitbereichs $(L\text{-}z_1)/R = L_1/R$:

$$\frac{(L - z_1)}{R} = \frac{L_1}{R} = \frac{1}{2 \cdot \mu \cdot (1-s)} \cdot \left\{\left[\frac{(m+3)}{\pi \cdot \phi \cdot \mu^m} \cdot \frac{\dot{V}}{R^3}\right]^{\frac{1-s}{m \cdot s}} - p_A^{1-s}\right\} \qquad (5.21)$$

Die relative Gleitlänge hängt vom Volumenstrom und dem Auslaufdruckverlust ab.

An der Stelle z_1 (Übergang von Wandhaften zu Wandgleiten) stellt sich nach Gleichung (5.18) ein Druck $p_{WG}(z_1) = p_1$ ein:

$$p_1 = \left[p_A^{1-s} + 2 \cdot \mu \cdot (1-s) \cdot \frac{(L - z_1)}{R}\right]^{\frac{1}{1-s}} \qquad (5.22)$$

Durch Einsetzen der relativen Gleitlänge aus Gleichung (5.21) in die Gleichung (5.22) wird deutlich, dass p_1 im Gegensatz zur relativen Gleitlänge nicht vom Auslaufdruckverlust p_A abhängt:

$$p_1 = \left[\frac{(m+3)}{\pi \cdot \phi \cdot \mu^m} \cdot \frac{\dot{V}}{R^3} \right]^{\frac{1}{m \cdot s}} \tag{5.23}$$

Die Gleichung (5.23) in Gleichung (5.21) eingesetzt, ergibt die relative Gleitlänge ausgedrückt in Abhängigkeit von p_1:

$$\frac{(L - z_1)}{R} = \frac{L_1}{R} = \frac{1}{2 \cdot \mu \cdot (1 - s)} \cdot (p_1^{1-s} - p_A^{1-s}) \tag{5.24}$$

Führt die Gleichung (5.24) zu negativen Werten für z_1 bzw. zu $L_1 > L$, so erfolgt der Übergang zum Wandgleiten bereits im (hypothetischen) Einlaufbereich $z < 0$ und der Druckverlauf wird über die gesamte Länge L durch Gleichung (5.18) beschrieben.

Für positive Werte von z_1 folgt die Wandgleitgeschwindigkeit zwischen $z = z_1$ und $z = L$ durch Einsetzen des Druckgradienten aus Gleichung (5.19) in Gleichung (5.13):

$$v(R,z) = v_g(z) = \frac{\dot{V}}{\pi \cdot R^2} - \frac{\phi \cdot \mu^m}{(m+3)} \cdot R$$
$$\cdot \left[p_A^{1-s} + 2 \cdot \mu \cdot (1-s) \cdot \frac{(L-z)}{R} \right]^{\frac{m \cdot s}{1-s}} \tag{5.25}$$

Im Rohrabschnitt zwischen $z = 0$ und $z = z_1$ liegt Wandhaftung vor mit einem konstanten Druckgradienten entsprechend Gleichung (5.14).

$$p_{WH} = p_1 + \left(-\frac{dp}{dz} \right)_{\mathrm{WH}} \cdot z_1 \tag{5.26}$$

Nach Einsetzen von p_1 aus Gleichung (5.23), von $(-dp/dz)_{\mathrm{WH}}$ aus Gleichung (5.14) und von z_1 aus Gleichung (5.21) bzw. (5.24) in Gleichung (5.26) ergibt sich nach einigen Zwischenrechnungen der Druck $p_{WH}(z{=}0)$ in Abhängigkeit von Volumenstrom, Länge und Radius des Rohres, Fließexponent m, Reibungsexponent s und Auslaufdruckverlust p_A:

$$p_{WH} = -\frac{s}{(1-s)} \left[\frac{(m+3)}{\pi \cdot \phi \cdot \mu^m} \cdot \frac{\dot{V}}{R^3} \right]^{\frac{1}{m \cdot s}} + \left[\frac{(m+3)}{\pi \cdot \phi \cdot \mu^m} \cdot \frac{\dot{V}}{R^3} \right]^{\frac{1}{m}}$$
$$\cdot \left[\frac{p_A^{(1-s)}}{(1-s)} + 2 \cdot \mu \cdot \frac{L}{R} \right] \tag{5.27}$$

Ist bei einem konstanten Volumenstrom $\dot{V}$ für unterschiedliche Positionen L des Druckaufnehmers der Druck p_{WH} gegen L aufgetragen und ist z_1 nach den Gleichungen (5.21) bzw. (5.24) für alle gewählten Positionen positiv, so ergibt sich für Gleichung (5.27) eine Gerade. Der Achsenabschnitt dieser Gerade (d.h. der auf $L = 0$ extrapolierte Wert für p_{WH}) nimmt für $0 < s < 1$ und für kleine Auslaufdruckverluste p_A negative Werte an. Somit kann es zu scheinbar negativen Auslaufdruckverlusten kommen, wenn alle Druckaufnehmer im wandhaftenden Bereich positioniert sind und stromabwärts des letzten Druckaufnehmers Wandgleiten einsetzt. Mit der häufig praktizierten Bagley-Korrektur unter Verwendung von unterschiedlich langen Kapillaren und einem Druckaufnehmer vor dem Einlauf wird Wandgleiten meist nicht bemerkt, da bei dieser Anordnung der auf $L = 0$ extrapolierte Druck die Summe von Ein- und Auslaufdruckverlust darstellt und diese in der Regel positiv ist.

Tritt bei konstant gehaltenem Volumenstrom und Variation von L über die gesamte Länge aller Rohre bzw. bei allen Positionen der Druckaufnehmer Wandgleiten auf, so ergibt sich der Druck $p_{WG}(z=0)$ aus Gleichung (5.18):

$$p_{WG} = \left[p_A^{1-s} + 2 \cdot \mu \cdot (1 - s) \cdot \frac{L}{R} \right]^{\frac{1}{1-s}} \tag{5.28}$$

Somit treffen unterschiedliche Relationen zwischen dem Druck p und der Rohrlänge L zu, je nachdem, ob an der Stelle des Druckes p Wandhaftung (Gleichung (5.27)) oder Wandgleiten (Gleichung (5.28)) herrscht.

Um die abgeleiteten Gleichungen zu veranschaulichen, sind in Abbildung 5.9 die Verläufe von Wandschubspannung, Druck und Wandgleitgeschwindigkeit für verschiedene Volumenströme bzw. scheinbaren Schergeschwindigkeiten dargestellt. Den Berechnungen liegen die Fließkennwerte $m = 1{,}58$ und $\phi = 69{,}4$ bar^{-m}/s sowie die Gleitparameter $s = 0{,}79$ und $\mu = 0{,}17$ bar$^{(1-s)}$ zugrunde. Die Graphen für Wandschubspannungen, Druckverteilungen und Gleitgeschwindigkeiten beziehen sich auf einen Radius von $0{,}5$ mm und sind in Abhängigkeit von $(L-z)/R$ (dem relativen Abstand vom Auslauf) angegeben.

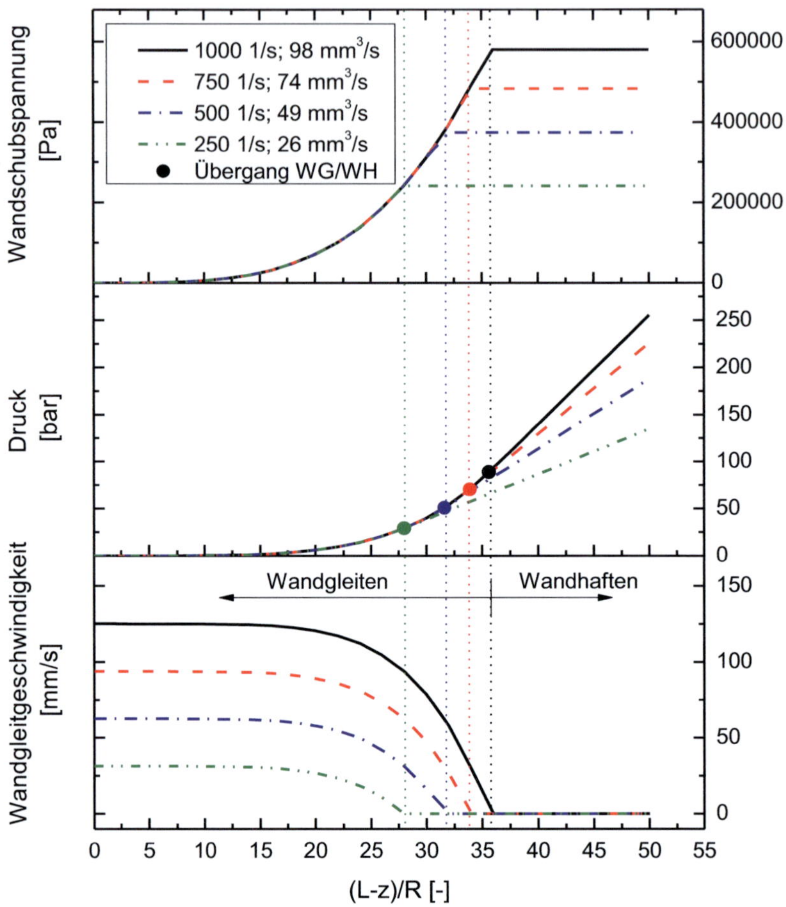

Abbildung 5.9: Verlauf der Wandschubspannung, des Drucks und der Wandgleitgeschwindigkeit über dem Verhältnis von Abstand vom Auslauf zu Rohrradius ($R = 0,5$ mm) bei verschiedenen Volumenströmen bzw. scheinbaren Schergeschwindigkeiten (Rohrauslauf bei $(L\text{-}z)/R = 0$)

Die Wandschubspannung verringert sich ab dem Beginn des Gleitbereichs ($L\text{-}z_1$) bis zum Rohrauslauf ($L\text{-}z = 0$). Aus der Kombination der Gleichungen (5.19) und (2.29) geht hervor, dass ein linearer Verlauf der Wandschubspannung nur für einen Druckexponenten von $s = 0,5$ zutrifft. Der berechnete Druck p steigt ausgehend vom Kapillarausgang zunächst progressiv und nach Einsetzen von Wandhaftung linear an. Im unteren Teil der Abbildung ist der Verlauf der Wandgleitgeschwindigkeit gezeigt. Es ist ersichtlich, dass die Länge des Wandgleitbereichs mit steigendem Volumenstrom zunimmt.

5.4.3 Verifizierung des Modells

Messungen mit dem Schlitzkapillar-Rheometer

Für die Untersuchung des Wandgleitverhaltens wurden verschiedene Feedstocks bei der Firma Göttfert mit einem Rheometer mit Schlitzkapillare (Querschnitt des Rechteckkanals 10 mm x 1 mm, Länge 100 mm, drei Druckaufnehmer 25, 50 und 75 mm vom Ausgang entfernt positioniert) bei 135 °C und 100 °C unter Variation des Volumenstroms vermessen. Für den Großteil der Durchsätze nahmen die Drücke annähernd linear mit dem Abstand vom Kanalausgang zu, d.h. die Druckaufnehmer befanden sich im Bereich der Wandhaftung. Stromabwärts des letzten Druckaufnehmers setzte Wandgleiten ein. Dies gab sich anhand der (linear extrapolierten) negativen Auslaufdruckverluste zu erkennen. Für Rundkapillaren kann die Auswertung des Durchsatzes durch Regressionsrechnung nach Gleichung (5.27) erfolgen. Für die verwendete Schlitzkapillare mit Spalthöhe H und Spaltbreite B ($B \gg H$) lautet diese Gleichung entsprechend:

$$p_{WH} = -\frac{s}{(1-s)}\left[\frac{(m+2)}{2\cdot\phi\cdot\mu^m}\cdot\frac{\dot{V}}{B}\cdot\left(\frac{2}{H}\right)^2\right]^{\frac{1}{m\cdot s}} + \left[\frac{(m+2)}{2\cdot\phi\cdot\mu^m}\cdot\frac{\dot{V}}{B}\cdot\left(\frac{2}{H}\right)^2\right]^{\frac{1}{m}}$$
$$\cdot\left[\frac{p_A^{(1-s)}}{(1-s)} + 2\cdot\mu\cdot\frac{L}{H}\right] \tag{5.29}$$

Hierbei stellen s, m, μ, ϕ und p_A anzugleichende Parameter dar.

Für zwei Feedstocks mit und ohne zusätzlichen Dispergator sind die nach Gleichung (5.29) ermittelten Fließ- und Gleitkennwerte aus der Regressionsrechnung zusammen mit den aus dem Platte-Platte-Rheometer ermittelten Fließgrenzen für die Massetemperaturen von 135 °C und 100 °C in der folgenden Tabelle 5.3 zusammengefasst.

Tabelle 5.3: Fließ- und Gleitkennwerte

Kennwert	Einheit	Feedstock mit Dispergator		Feedstock ohne Dispergator	
		135 °C	100 °C	135 °C	100 °C
m	-	1,737	1,577	1,988	2,066
ϕ	bar^{-m}/s	608,55	69,40	147,19	15,74
s	-	0,991	0,785	0,848	0,950
μ	bar$^{(1-s)}$	0,338	0,172	0,181	0,084
p_A	bar	0,0073	0,0008	0,0361	0,3482
τ_0	bar	0,04	> 0,04	> 0,04	> 0,04

Mit den über die Regressionsrechnung ermittelten Kennwerten kann anschließend die Wandgleitfunktion p_{WG} berechnet werden. Für die Schlitzkapillare lautet die Wandgleitfunktion entsprechend der für Rundkapillaren abgeleitete Gleichung (5.28):

$$p_{WG} = \left[p_A^{1-s} + 2 \cdot \mu \cdot (1-s) \cdot \frac{L}{H} \right]^{\frac{1}{1-s}} \tag{5.30}$$

Im oberen Teil der Abbildung 5.10 sind für einen Feedstock ohne zusätzlichen Dispergator die gemessenen Drücke bei verschiedenen Volumenströmen und einer Temperatur von 135 °C dargestellt. Die Schar der Regressionsgeraden (Reg.($\dot{V}$)) wurden entsprechend Gleichung (5.29) mit der abhängigen Variablen p_{WH} und den beiden unabhängigen Variablen $\dot{V}$ und L ermittelt. Anzumerken ist, dass die bei den Volumenströmen 1666,7 und 833,3 mm^3/s ermittelten Drücke an der Position 25 mm bei der Regressionsrechnung mit null gewichtet wurden.

Wie im unteren Teil der Abbildung 5.10 zu erkennen ist, tritt entlang der berechneten Gleitfunktion, beginnend an den Punkten $L_1(\dot{V})$ / $p_1(\dot{V})$, Wandhaftung für $L > L_1$ und $p > p_1$ mit linearen Druckverläufen ein. Für Rechteckspalte ergeben sich die Übergangsdrücke entsprechend zu der für Rohre abgeleiteten Gleichung (5.23) zu

$$p_1 = \left[\frac{(m+2)}{2 \cdot \phi \cdot \mu^m} \cdot \frac{\dot{V}}{B} \cdot \left(\frac{2}{H} \right)^2 \right]^{\frac{1}{m \cdot s}} \tag{5.31}$$

und die relativen Gleitlängen analog der Gleichung (5.24) zu

$$\frac{(L - z_1)}{H} = \frac{L_1}{H} = \frac{1}{2 \cdot \mu \cdot (1-s)} \cdot \left(p_1^{1-s} - p_A^{1-s} \right) \tag{5.32}$$

Die linearen Druckverläufe im Wandhaftungsbereich stellen Tangenten der Gleitkurve an den Punkten $L_1(\dot{V})$ / $p_1(\dot{V})$ dar. Je höher der Durchsatz, desto länger ist der

Wandgleitbereich, desto höher liegen die Übergangsdrücke p_1 und desto größer ist die Steigung der Tangente, die den Druckverlauf im Wandhaftungsbereich wiedergibt.

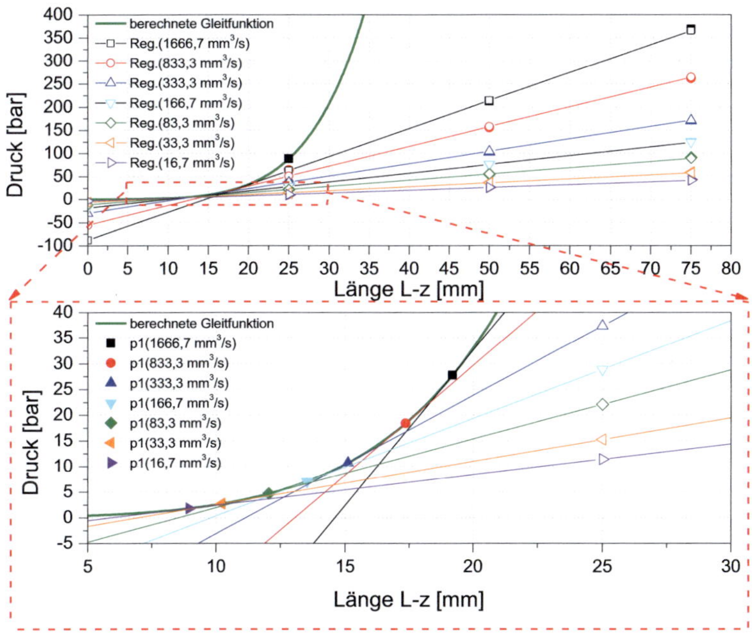

Abbildung 5.10: oben: gemessene Drücke im Spaltrheometer mit Regressionsgeraden im Wandhaftungsbereich und berechnetem Druckverlauf (Gleitfunktion) im Wandgleitbereich; unten: vergrößerte Darstellung mit Gleitlänge L_1 und Übergangsdrücke p_1 auf der Gleitfunktion für verschiedene Volumenströme

Die Zusammensetzung der Feedstocks und ihre Temperatur beeinflussen wesentlich die Ausprägung des Wandgleitens, wie durch den Vergleich der jeweiligen Gleitfunktionen zu erkennen ist. Abbildung 5.11 zeigt die Gleitfunktionen und die vom Durchsatz abhängigen Übergangsdrücke p_1 und Gleitlängen L_1 für zwei MIM-Feedstocks mit und ohne zusätzlichen Dispergator bei Temperaturen von 135 °C und 100 °C. Es wird deutlich, dass die Gleitkurven, beginnend vom Ausgang des Fließkanals, mit abnehmender Temperatur deutlich flacher verlaufen. Damit verbunden ist bei gleichem Volumenstrom ein höherer Übergangsdruck p_1 bei niedrigerer Temperatur. So beträgt beispielsweise der Übergangsdruck p_1 für den Feedstock ohne zusätzlichen Dispergator bei einem Volumenstrom von 83 mm^3/s bei 100 °C 28,5 bar und bei 135 °C 5 bar (beide Feedstocks weisen gleiche Volumenfüllgrade an Metallpulver auf). Das bedeutet, dass bei gleichem Volumenstrom der Feedstock bei niedrigerer

Temperatur eine größere Gleitlänge aufweist als bei höherer Temperatur. Vergleicht man die Gleitlängen zwischen dem Feedstock mit und ohne Dispergator, so ist zu erkennen, dass der Feedstock ohne Dispergator einen größeren Gleitbereich aufweist. Dies ist nach den Gleichungen (5.31) und (5.32) auf eine geringere Fluidität und/oder einem geringeren Reibungskoeffizienten zurückzuführen.

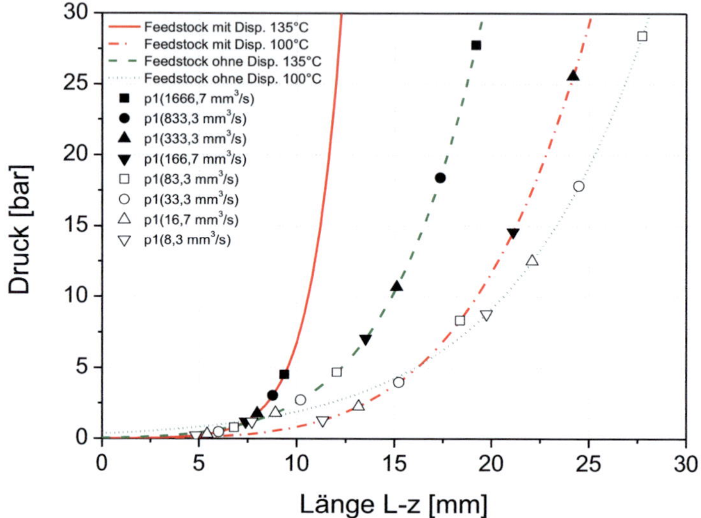

Abbildung 5.11: Vergleich der Gleitkurven von zwei Feedstocks mit und ohne zusätzlichen Dispergator bei Temperaturen von 135 °C und 100 °C. Die eingezeichneten Punkte stellen die Übergangsdrücke von Wandgleiten zu Wandhaften bei den entsprechenden Volumenströmen dar.

Messungen mit einem Spritzgießwerkzeug

Die Untersuchung des Fließ- und Gleitverhaltens der Feedstocks mit und ohne zusätzlichen Dispergator erfolgte in der Zickzack-Kavität unter Spritzgießbedingungen mit Hilfe von drei Druckaufnehmern. In Abbildung 5.12 sind der angussnahe Druck p_{DA1}, der kavitätsmittige Druck p_{DA2} und die Druckdifferenz (p_{DA1}-p_{DA2}) zum Zeitpunkt des Ansprechens des angussfernen Druckfühlers p_{DA3} für diese Feedstocks über den Einspritzvolumenstrom dargestellt. Es ist zu erkennen, dass bei dem Feedstock mit Dispergator weder der angussnah noch der mittig gemessene Druck merklich vom Einspritzvolumenstrom abhängen. Hingegen wurde bei dem Feedstock ohne zusätzlichen Dispergator ein geringer Druckabfall bei Einspritzgeschwindigkeiten zwischen 4 und 10 cm³/s festgestellt. Bei Einspritzgeschwindigkeiten von unter 1 cm³/s mit

Zusatzdispergator und unter 2,5 cm³/s ohne Zusatzdispergator (in Abbildung 5.12 nicht dargestellt) ist die Masse bereits vor dem Erreichen des angussfernen Druckaufnehmers über den gesamten Querschnitt des Fließkanals erstarrt. Die deutlichen Druckanstiege bei geringen Einspritzvolumenströmen sind Folge der Viskositätserhöhung durch Abkühlung der Masse beim Einspritzvorgang. Die Hydraulikdrücke der Spritzgießmaschine (in Abbildung 5.12 nicht dargestellt) nehmen mit zunehmender Einspritzgeschwindigkeit dagegen stark zu. Dies ist darauf zurückzuführen, dass zwischen Schnecke und Zylinder und der Maschinendüse Verhältnisse wie im Kapillarrheometer herrschen.

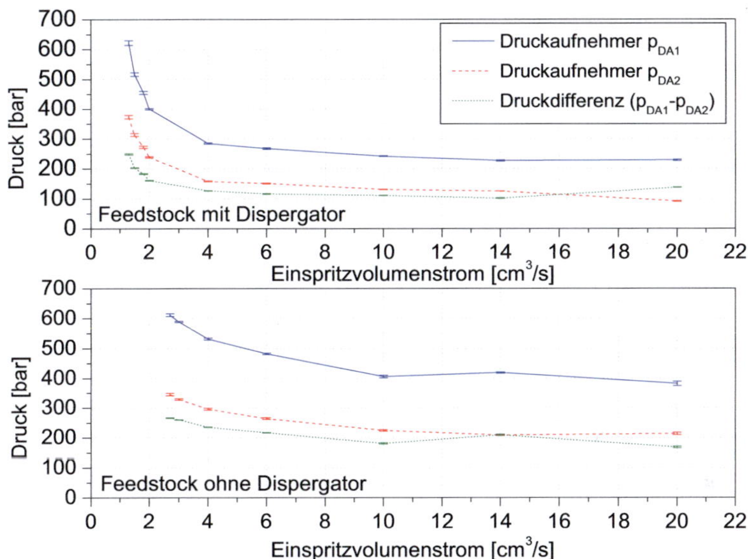

Abbildung 5.12: Forminnendrücke der Druckaufnehmer p_{DA1} und p_{DA2} und der Druckdifferenz (p_{DA1}-p_{DA2}) in der Zickzack-Kavität über verschiedenen Einspritzvolumenströmen für Feedstocks mit und ohne zusätzlichen Dispergator

Beim Spritzgießen der Feedstocks liegt die Werkzeugtemperatur deutlich unterhalb ihrer Schmelzetemperatur. Im Falle von Wandgleiten bedeutet dies, dass im Gegensatz zum Rheometer auf der Werkzeugoberfläche kein Fluid, sondern eine erstarrte Randschicht gleitet. Dass bei gleicher Werkzeugfüllung die Forminnendrücke während der Einspritzphase durch die Einspritzgeschwindigkeit kaum beeinflusst werden, erklärt sich durch Gleichung (5.30). Da die erstarrte Randschicht der Masse vom ersten bis zum dritten Druckaufnehmer an der Wand der Kavität gleitet, hängen die

Drücke nur von den Abständen L zwischen der Fließfront (d.h. dem angussfernen Druckfühler) und dem angussnahen bzw. mittleren Druckaufnehmer ab, jedoch nicht vom Volumenstrom $\dot{V}$, der Fluidität ϕ und dem Fließexponenten m.

Fazit

Der vorliegende Ansatz beschreibt die Koppelung von Modellen für Scherfließen und Wandgleiten über die Wandschubspannung. Hierzu wird das Reibungsgesetz nach Stribeck zur Beschreibung von Gleitlagern auf das Wandgleiten von Fluiden übertragen. Der Ansatz beinhaltet die Sonderfälle einer Coulombschen Wandreibung nach Uhland [77] und einer über die Kapillarlänge konstanten Wandgleitgeschwindigkeit nach Mooney [78]. Als Beispiel wird das Fließmodell für strukturviskose Fluide nach Ostwald - de Waele mit einer Wandschubspannung verknüpft, die im Gleitbereich von der Potenz des Druckes abhängt.

Die untersuchten Feedstocks (Füllgrad 68 Vol.-%) mit und ohne zusätzlichen Dispergator konnten rheologisch entsprechend dem beschriebenen Modell interpretiert werden. Die in Kapitel 4.4.2 untersuchten Feedstocks (Füllgrad 63 Vol.-%) zur Ermittlung des Einflusses der Partikelgrößenverteilung zeigten über die gesamte Kanallänge im Spaltrheometer nichtlineare Druckverläufe, die für unterschiedliche Volumenströme nicht auf einer einzigen Gleitkurve verlaufen. In diesem Fall liegt ein druck- und geschwindigkeitsabhängiges Wandgleiten vor. Die Beschreibung dieser Massen erfordert daher statt einer rein druckabhängigen Wandschubspannung zusätzlich eine Abhängigkeit von der Wandgleitgeschwindigkeit.

6 Zusammenfassung

Das Metallpulverspritzgießen (MIM) ist ein etabliertes Verfahren zur wirtschaftlichen Erzeugung komplexer metallischer Einkomponenten-Bauteile (1K-Bauteile). Die Herstellung von Verbundbauteilen über 2K-MIM konnte sich trotz der in der Einleitung beschriebenen vielen Vorteile bisher nicht durchsetzen. Erste erfolgsversprechende Anwendungsbeispiele in Form von Demonstratorbauteilen haben das Potenzial der 2K-MIM-Technologie zwar aufgezeigt, doch der Durchbruch der Technologie setzt im Vergleich zum 1K-Verfahren ein tieferes Verständnis aller Prozessschritte voraus.

Die vorliegende Arbeit leistet einen theoretischen und experimentellen Beitrag zur Erforschung der Grundlagen für den 2K-Metallpulverspritzguss. Ziel war es den Einfluss der Partikelgrößenverteilung auf das Sinterverhalten zu untersuchen und die sich aus der Änderung der Partikelgröße ergebenden Konsequenzen für das Fließverhalten beim Spritzgießen aufzuzeigen. Darüber hinaus war es Aufgabe der Arbeit das Sinterverhalten für verschiedene Heizraten und Partikelgrößenverteilungen mit einem Modell vorherzusagen. Die Beschreibung des Fließ- und Wandgleitverhaltens von Feedstocks in einem Modell war ein weiterer Schwerpunkt der Arbeit.

Partikelgrößenverteilungen

Die Untersuchungen wurden an windgesichteten Pulverfraktionen aus einer Charge des hochlegierten Stahlpulvers X65Cr13 durchgeführt. Um den Einfluss spezieller Kennwerte, wie die mittlere Partikelgröße x_{50} und die Verteilungsbreite σ, bewerten zu können, wurden aus den Ausgangspulverfraktionen maßgeschneiderte Pulvermischungen mit unabhängig voneinander definierten mittleren Korngrößen und Verteilungsbreiten hergestellt.

Sinterverhalten

Die Dilatometermessungen haben das Potenzial der Partikelgröße als Stellgröße zur Steuerung des Sinterverhaltens gezeigt. Generell gilt, je feiner die Partikel, desto geringer die Sinterstarttemperatur und desto höher die Sintergeschwindigkeit und Endsinterdichte. Die Variation der mittleren Partikelgröße x_{50} bei konstanter Verteilungsbreite σ führte zu einem deutlichen Unterschied in der spezifischen Oberfläche und damit im Sinterverhalten. Die Variation der Verteilungsbreite σ bei konstanter mittlerer Partikelgröße x_{50} offenbarte nur geringe Änderungen der spezifischen Oberflächen und damit ein ähnliches Sinterverhalten. Anhand der untersuchten Pulververteilungen wurde zudem deutlich wie wichtig ein Feinanteil für die Sinteraktivität und zur Erreichung hoher Enddichten ist. Die Übereinstimmung der lichtmikroskopischen Gefügeaufnahmen und der gemessenen Restporositäten von gesinterten Proben im Dilatometer und Sinterofen zeigte die Übertragbarkeit der Ergebnisse.

Vorhersage von Sinterverhalten

Die Bestimmung des richtigen Temperatur-Zeit-Profils für ein gewünschtes Sinterverhalten über die Sinterdilatometrie ist sehr aufwendig. Ohne den Einsatz eines Sintermodells muss jedes Heizratenprofil einer zeitintensiven Dilatometermessung unterzogen werden. Durch die Anwendung des Konzepts der Master-Sinter-Kurve konnte, ausgehend von nur drei Dilatometermessungen bei verschiedenen Temperatur-Zeit-Profilen, das Schwindungsverhalten für weitere Temperaturprofile vorhergesagt werden. Die Brauchbarkeit des MSC-Ansatzes wurde in dieser Arbeit für alle Partikelgrößenverteilungen von X65Cr13 gezeigt. Über die Arbeit hinaus wurde der MSC-Ansatz bereits erfolgreich für die Vorhersage des Schwindungsverhaltens einer FeCo-Legierung genutzt.

Erstmalig wurde das Konzept der Master-Sinter-Kurve zur Vorhersage des Schwindungsverhaltens für verschiedene Partikelgrößenverteilungen erweitert und angewendet. Ein Vergleich zwischen der Vorhersage des Schwindungsverhaltens einer Partikelgrößenverteilung und der Kontrollmessung führte allerdings zu Standardabweichungen von bis zu 1,25 %. In Anbetracht einer Gesamtschwindung von ca. 14 bis 15 % ist diese Abweichung zu hoch, um das erweiterte Konzept als zulässiges Werkzeug zur rechnerischen Anpassung der zeitlichen Sinterverläufe unterschiedlicher Werkstoffe heranziehen zu können.

Fließverhalten

Das Fließverhalten von Feedstocks mit unterschiedlichen Partikelgrößenverteilungen wurde sowohl in Rheometern als auch im Spritzgießwerkzeug charakterisiert.

Bei den Messungen der Fließgrenze wurde nachgewiesen, dass diese von der mittleren Partikelgröße, der Verteilungsbreite und dem Füllgrad abhängig ist. Werden die gemessenen Fließgrenzen in Relation zu den Schubspannungen gesetzt, die bereits bei niedrigen Einspritzgeschwindigkeiten beim Spritzgießen auftreten, so liegen die gemessenen Fließgrenzen deutlich niedriger und sind somit vernachlässigbar.

Ein Einfluss der mittleren Partikelgröße auf die Fließfunktion konnte bei niedrigen Schergeschwindigkeiten im Hochdruckkapillarrheometer festgestellt werden. Mit zunehmender Schergeschwindigkeit verringerte sich der Effekt deutlich und die Fließfunktionen näherten sich aneinander an.

Die Versuche im Spritzgießwerkzeug führten zu dem Ergebnis, dass das Fließverhalten weder von der mittleren Partikelgröße noch von der Breite der Verteilung abhängig ist, sondern nur vom Füllgrad.

Beschreibung des Fließ- und Gleitverhaltens durch einen Modellansatz

Alle untersuchten Feedstocks zeigten strukturviskoses Fließverhalten und wiesen einen hohen Gleitanteil auf. Ohne Berücksichtigung des Gleitverhaltens sind rheometrische Messungen nicht auf andere Geometrien übertragbar. Für den Feedstock 22_050_58 wurde exemplarisch eine Gleitkorrektur nach der gängigen Mooney-Methode durchgeführt. Diese beruht auf der Voraussetzung einer konstanten Wandgleitgeschwindigkeit im Fließkanal. Die Gültigkeit des Ansatzes von Mooney setzt zwingend einen linearen Druckverlauf entlang des Fließwegs voraus. Die Messungen im Spaltrheometer zeigten allerdings für alle untersuchten Feedstocks nichtlineare Druckverläufe. Die bisher existierenden Wandgleitmodelle unter Annahme von linearen Druckverläufen oder von Coulombscher Reibung eignen sich nicht zur Beschreibung der untersuchten Massen. Aus diesem Grund wurde ein neuer Ansatz vorgestellt und diskutiert, der durch Koppelung von Scherfließen und Wandgleiten über eine ortsabhängige Wandschubspannung zu nichtlinearen Druckverläufen führt. Der Ansatz wurde für zwei Compounds mit und ohne zusätzlichen Dispergator im Spaltrheometer und im Spritzgießwerkzeug verifiziert.

Entmischungen

Beim Spritzgießen konnten keine Entmischungen von Partikeln und Bindersystem direkt an der Grenzfläche, dem Kontaktbereich der beiden Komponenten, festgestellt werden. Für alle untersuchten Partikelgrößenverteilungen wurde an der Grenzfläche keine Binderanreicherung gefunden. Allerdings zeigten sich deutliche Entmischungen unterhalb der erstarrten Randschicht im Grünteil für den Feedstock mit einer schmalen Verteilungsbreite.

Fazit und Ausblick

Zusammenfassend lässt sich festhalten, dass die Variation der mittleren Partikelgröße x_{50} einen großen Effekt beim Sintern zeigt, jedoch das Fließverhalten beim Spritzgießen nur wenig beeinflusst. Keinen nennenswerten Einfluss zeigt die Breite der Verteilung σ auf das Sinter- und Fließverhalten. Jedoch erfordern Entmischungen, die im oberflächennahen Bereich der Probe (unterhalb der erstarrten Randschicht) für den Feedstock mit schmaler Verteilungsbreite festgestellt wurden, weitere Untersuchungen, um ein besseres Verständnis für die Entmischungsvorgänge zu bekommen.

Die Sinterdilatometrie hat sich in dieser Arbeit als wertvolles Instrument zur Charakterisierung des Sinterverhaltens verschiedener Partikelgrößenverteilungen bei unterschiedlichen Temperatur-Zeit-Profilen bewährt. Ein wichtiger Gesichtspunkt, der durch die Sinterdilatometrie nicht erfasst werden kann, sind Grenzflächenreaktionen zwischen den Werkstoffen des Verbundes. In diesem Fall und um eine Aussage darüber treffen zu können, welche Abweichungen zwischen den Sinterkurven zweier Materialien tolerierbar sind, bieten sich Co-Sinterversuche an.

Die Untersuchungen haben gezeigt, dass mit Hilfe der Master-Sinter-Kurve die Vorhersage des Schwindungsverhaltens eines Materials für neue Temperatur-Zeit-Profile möglich ist. Im Hinblick auf 2K-Anwendungen ist es der nächste Schritt, das Konzept der Master-Sinter-Kurve so weiterzuentwickeln, dass ein Optimierungsprogramm die Master-Sinter-Kurven von zwei anzugleichenden Materialien nutzt und automatisch das Temperatur-Zeit-Profil errechnet, welches zu einer bestmöglichen Angleichung des zeitlichen Sinterverhaltens der beiden Komponenten führt. Alternativ hierzu könnten neue sinterkinetische Ansätze unter Einbeziehung unterschiedlicher Partikelgrößenverteilungen und Ausgangsdichten erarbeitet werden.

7 Anhang

Tabelle 7.1: Ermittelte Parameter aus der Regressionsrechnung zur Berechnung der Master-Sinter-Kurve für sechs verschiedene Partikelgrößenverteilungen (ρ_0 ist bekannt)

Parameter	ρ_0 [%]	a [%]	b [-]	c [-]	$\log(\Theta_0)$ [log(s/K)]	Q [kJ/mol]
<7 µm	58	33,85	0,51	1,55	-21,44	522,1
7-15 µm	58	38,18	0,81	2,35	-19,78	496,0
15-22 µm	58	39,3	0,57	0,7	-15,68	431,0
22-32 µm	58	147,6	2,55	8,66	-19,36	446,4
32-38 µm	58	185,48	3,49	22,58	-23,9	466,7
38-45 µm	58	210,8	3,68	10,63	-22,5	515,2

Tabelle 7.2: Ermittelte Parameter aus der Regressionsrechnung zur Berechnung der Master-Sinter-Kurve für sechs verschiedene Partikelgrößenverteilungen (ρ_0 und a sind bekannt)

Parameter	ρ_0 [%]	a [%]	b [-]	c [-]	$\log(\Theta_0)$ [log(s/K)]	Q [kJ/mol]
<7 µm	58	36,44	0,66	3,80	-18,30	419,1
7-15 µm	58	36,44	0,64	1,56	-17,65	447,1
15-22 µm	58	34,80	0,38	0,37	-17,83	500,4
22-32 µm	58	27,99	0,23	0,19	-19,27	557,0
32 38 µm	58	19,60	0,20	0,16	-20,67	603,0
38-45 µm	58	17,71	0,19	0,14	-21,28	623,1

Tabelle 7.3: Übersicht der Standardabweichungen in % zwischen Messwerten aus der Sinterdilatometrie und den berechneten Schwindungswerten über die Master-Sinter-Kurve (MSC) mit vorgebenem a-Paramter

Partikelgrößenverteilung	Standardabw. [%] (2,5 K/min)	Standardabw. [%] (5 K/min)	Standardabw. [%] (10 K/min)
MSC <7 µm	0,888	0,623	0,704
MSC 7-15 µm	0,432	0,213	0,374
MSC 15-22 µm	0,355	0,307	0,312
MSC 22-32 µm	0,311	0,250	0,385
MSC 32-38 µm	0,194	0,184	0,285
MSC 38-45 µm	0,152	0,178	0,209

Literaturverzeichnis

[1] R. M. German und A. Bose: *Powder Injection Molding of metals and ceramics.* Princeton: Metal Powder Industries Federation, 1997.

[2] E. Lange und M. Poniatowski: *Pulvermetallurgisches Spritzgießen - ein neues Formgebungsverfahren für Sinterteile komplizierter Gestalt.* Konstruktion 40, pp 233-238, 1988.

[3] P. Imgrund: *Sinterverhalten und Grenzflächeneigenschaften von Werkstoffverbunden aus 316L/17-4PH und 316/Eisen, hergestellt durch Mikro-Metallpulverspritzgießen.* Dissertation, Universität Bremen, 2007.

[4] F. Petzoldt: *Multifunctional parts by two-component Powder Injection Moulding (2C-PIM).* Powder Injection Moulding International, Bd. 4, Nr. 1, pp. 21-27, 2010.

[5] A. Ruh, A. M. Dieckmann und R. Heldele: *Production of two-material micro-assemblies by two-component powder injection molding and sinter-joining.* Microsystem Technologies, Bd. 14, Nr. 12, pp. 1805-1811, 2008.

[6] H. Walcher und M. Maetzig: *Funktionsbauteile aus unterschiedlichen Metallpulvern.* Kunststoffe, Bd. 7, pp. 52-55, 2012.

[7] J. Rager, O. Meyer, M. Maetzig, H. Walcher, K. Martin, F. Petzoldt, M. Mulser, M. Lipinski, E. Hepp, H. Bockhorn und B. Reznik: *Fertigungssystem 2-Komponenten-Pulverspritzguss.* Abschlussbericht Forschungs- und Entwicklungsprojekt im Rahmen "Forschung für die Produktion von morgen" (02PU2210-5), 2010.

[8] D. Checot-Moinard, C. Rigollet und P. Lourdin: *Rheological Characterization of Powder and Micro-Powder Injection Moulding Feedstocks.* Proceedings of the Powder Metallurgy World Congress, Bd. 4, pp. 563-572, 2010.

[9] R. M. German: *Powder Injection Molding - Design and Applications.* Pennsylvania: Innovative Material Solutions, Inc., 2003.

[10] F. Thümmler und R. Oberacker: *An Introduction to Powder Metallurgy.* London: The Institute of Materials, 1993.

[11] P. Barth: *Pulvermetallspritzgießen - Technolgie zur Herstellung komplexer metallischer Bauteile.* Köln: TÜV Rheinland GmbH, 1989.

[12] P. Merz: *Analyse der Prozesskette Pulverspritzgießen.* Berichte aus dem Produktionstechnischen Zentrum Berlin, 1997.

[13] A. Abach: *Pulverspritzgießen - Prozeßanalyse beim Mehrkomponentenspritzgießen.* Dissertation, Lehrstuhl für Kunststofftechnik, Universität Erlangen-Nürnberg, 2008.

[14] MiMtechnik GmbH: *Schematische Abbildungen der Prozesskette des Metallpulverspritzgießens.* URL: http://www.mimtechnik.de/deutsch/technologie01.htm [Zugriff am 21.06.2013].

[15] Robert Bosch GmbH: *Fotos der Prozesskette Pulverspritzgießen.* URL: https://inside-wiki.bosch.com/confluence/pages/viewpage.action?pageId=105618914 [Zugriff am 08.02.2013].

[16] R. Sonntag, W. Hünten und R. Dietz: *Mehrkomponentenspritzgießmaschinen und ihre Anwendungsmöglichkeiten.* Kunststoffe, Bd. 61, pp. 549-551, 1971.

[17] A. Rota, P. Imgrund, N. Salk und J. Haack: *μm-MIM wird multifunktional.* Mikroproduktion, Bd. 4, pp. 32-35, 2006.

[18] O. Weber, T. Müller, T. Hanemann und V. Piotter: *Mikroreplikation: Formmassen- und Prozessentwicklung für das Pulverspritzgießen.* In: Kolloquium Mikroproduktion und Abschlusskolloquium SFB 499, Karlsruhe: KIT Scientific Reports 7591, pp. 105-112, 2011.

[19] T. Barriere, B. Liu und J. C. Gelin: *Analyses of powder segregation in MIM.* Metal Powder Report, Bd. 57, Nr. 5, pp. 30-33, 2002.

[20] S. Kim, S. Ahn, S. J. Park, A. V. Atre und R. M. German: *Integrated Simulation of Mold Filling (Binder-Powder Separation), Debinding, and Sintering in Powder Injection Molding.* Advances in Powder Metallurgy and Particulate Materials, pp. 76-86 (part 1), 2008.

[21] M. Jenni, L. Schimmer, R. Zauner, J. Stampfl und J. Morris: *Quantitative study of powder binder separation of feedstocks.* Powder Injection Moulding International, Bd. 2, Nr. 4, pp. 50-55, 2008.

[22] K. Hens, D. Lee und R. German: *Processing Conditions and Tooling for Powder Injection.* The International Journal of Powder Metallurgy, Bd. 27, Nr. 2, pp. 141-152, 1991.

[23] R. Heldele: *Entwicklung und Charakterisierung von Formmassen für das Mikropulverspritzgießen.* Dissertation, Fakultät für Angewandte Wissenschaften der Universität Freiburg im Breisgau, 2008.

[24] C. Gornik: *Pulverspritzgießen von dünnwandigen Teilen.* Österreichische Kunststoff-Zeitschrift, Bd. 37, pp. 10-13, 2006.

[25] A. Mannschatz, S. Höhn und T. Moritz: *Powder-binder separation in injection moulded green parts.* Journal of the European Ceramic Society, Bd. 30, pp. 2827-2832, 2010.

[26] G. Finnah: *Verfahrensentwicklungen beim Mehrkomponenten-Spritzgießen zur Herstellung von keramischen und metallischen Mikrobauteilen.* Dissertation, Fakultät für Angewandte Wissenschaften der Universität Freiburg im Breisgau, 2005.

[27] M. Maikisch: *Wissen wie's läuft.* Plastverarbeiter, Bd. 10, 2008.

[28] C. Gornik: *Materialcharakterisierung beim Pulverspritzgießen.* Kunststoffe, Bd. 9, pp. 146-149, 2006.

[29] C. Gornik: *Rheologische Daten direkt an der Maschine bestimmen.* Kunststoffe, Bd. 4, pp. 88-92, 2005.

[30] G. Jüttner: *Fließinduzierte Orientierungen in spritzgegossenen LCP-Teilen.* Dissertation, Technische Universität Chemnitz, 2003.

[31] W. Friesenbichler, I. Duretek und J. Rajganesh: *Praxisnahe Viskostiäten für die Simulation.* Kunststoffe, Bd. 3, pp. 37-40, 2010.

[32] E. Windhab: *Untersuchungen zum Rheologischen Verhalten konzentrierter Suspensionen.* Fortschritt-Berichte VDI, Bd. 3, Nr. 118, 1986.

[33] A. Baumann, T. Moritz und R. Lenk: *Stahl-Keramik-Verbunde über Mehrkomponentenpulverspritzguss.* Beilage zur Keramischen Zeitschrift, Bd. 61, pp. 1-4, 2009.

[34] D. F. Heaney, P. Suri und R. M. German: *Defect-free sintering of two material powder injection molded components.* Journal of Materials Science, Bd. 38, pp. 4869-4874, 2003.

[35] H. Miura, T. Yano und M. Matsuda: *PIM In-Process Joining for more Complicated Shape and Functionality.* Advances in Powder Metallurgy and Particulate Materials, Bd. 10, pp. 295-300, 2002.

[36] P. Imgrund, A. Rota, F. Petzoldt und A. Simchi: *Manufacturing of multi-functional micro parts by two-component metal injection moulding.* International Journal of Advanced Manufacturing Technology, Bd. 33, pp. 176-186, 2007.

[37] K. Pischang, U. Birth, M. Gutjahr, H. Becker und R. Steger: *Investigation on PM-Composite Materials for Metal Injection Molding.* Advances in Powder Metallurgy and Particulate Materials, Bd. 4, pp. 273-284, 1994.

[38] A. Pest: *Untersuchungen zum Co-Sinterverhalten mittels Metallpulverspritzgießen hergestellter Werkstoffverbunde.* Dissertation, Technische Universität Clausthal, 1997.

[39] R. M. German: *Sintering Theory and Practice.* New York: John Wiley & Sons, 1996.

[40] W. A. Kaysser: *Sintern mit Zusätzen.* Berlin: Gebrüder Borntraeger, 1992.

[41] M. Mulser, G. Benedet Dutra, J. Rager und F. Petzoldt: *Influence of a Mismatch in Shrinkage for Two-Component Metal Injection Moulding (2C-MIM).* PM2010 Wolrd Congress - Powder Injection Moulding of Composite Parts, Bd. 4, pp. 527-534, 2010.

[42] A. Pest: *Composite Parts by powder injection molding.* Advances in Powder Metallurgy and Particulate Materials, Bd. 5, pp. 171-178, 1996.

[43] M. Stieß: *Mechanische Verfahrenstechnik-Partikeltechnologie 1.* Berlin: Springer Verlag, 2009.

[44] F. Löffler und J. Raasch: *Grundlagen der Mechanischen Verfahrenstechnik.* Wiesbaden: Vieweg Verlag, 1992.

[45] D. Klank: *Theorie der Laserbeugung.* Partikelwelt, Bd. 6, pp. 3,4, 2007.

[46] W. Schatt: *Sintervorgänge Grundlagen.* Düsseldorf: VDI-Verlag, 1992.

[47] M. N. Rahaman: *Sintering of Ceramics.* Boca Raton: CRC Press Taylor & Francis Group, 2008.

[48] H. Salmang und H. Scholze: *Keramik.* Berlin: Springer Verlag, 2007.

[49] J. Langer: *Vergleich der durch das elektrische Feld aktivierten Sintertechnologie mit dem Heißpressverfahren anhand von Oxidkeramiken.* Dissertation, Technische Universität Darmstadt, 2010.

[50] U. Eisele: *Sintering and Hot-Pressing.* In: Materials Science and Technology, Weinheim: VCH Verlagsgesellschaft mbH, pp. 84-97, 1996.

[51] H. E. Exner: *Grundlagen von Sintervorgängen.* Berlin: Gebrüder Borntraeger, 1978.

[52] K. Breitkreuz und K. Haedecke: *Zur Auswertung von Schrumpfungskurven beim Sintern.* Metall, Bd. 30, Nr. 10, pp. 962-964, 1976.

[53] H. Su und D. L. Johnson: *Master Sintering Curve: A Practical Approach to Sintering.* Journal of the American Ceramic Society, Bd. 79, Nr. 12, pp. 3211-3217, 1996.

[54] S. Kiani, J. Pan und J. A. Yeomans: *A New Scheme of Finding the Master Sintering Curve.* Journal of the American Ceramic Society, Bd. 89, Nr. 11, pp. 3393-3396, 2006.

[55] S. J. Park, S. H. Chung, D. Blaine, P. Suri und R. M. German: *Master Sintering Curve Construction Software and its Applications.* Advances in Powder Metallurgy and Particulate Materials, Bd. 1, pp. 13-24, 2004.

[56] M. N. Rahaman, L. C. De Jonghe und M.-Y. Chu: *Effect of Green Density on Densification and Creep During Sintering.* Journal of the American Ceramic Society, Bd. 74, Nr. 3, pp. 514-519, 1991.

[57] T.-S. Yeh und M. D. Sacks: *Effect of Green Microstructure on Sintering of Alumina.* Sintering of Advanced Ceramics - Ceramic Transactions, Bd. 7, 1990.

[58] J. D. Hansen, R. P. Rusin, M. H. Teng und D. L. Johnson: *Combined-stage sintering model.* Journal of the American Society, Bd. 75, Nr. 5, pp. 1129-1135, 1992.

[59] M.-H. Teng, Y.-C. Lai und Y.-T. Chen: *A Computer Program of Master Sintering Curve Model to Accurately Predict Sintering Results.* Western Pacific Earth Sciences, Bd. 2, Nr. 2, pp. 171-180, 2002.

[60] D. L. Johnson: *Utilizing The Master Sintering Curve to Probe Sintering Mechanisms.* In: Ceramic Transactions - Characterization and modeling to control sintered ceramic microstructures and properties , Westerville: The American Ceramic Society, pp. 3-14, 2005.

[61] H. Palmour, M. L. Huckabee und T. M. Hare: *Microstructural Development During Optimized Rate Controlled Sintering.* Ceramic Microstructure, pp. 308-319, 1977.

[62] H. Palmour: *Rate Controlled Sintering For Ceramics And Selected Powder Metals.* Science of Sintering, pp. 337-356, 1989.

[63] Linseis Messgeräte GmbH: *LINSEIS RCS – Rate Controlled Sintering.* URL: http://www.linseis.net/html_de/thermal/dilatometer/pdf/L75_RCS_GER.pdf [Zugriff am 22.02.2013].

[64] C. A. Dannert: *Untersuchungen zum Sinterverhalten von Porzellan.* Dissertation, Julius Maximilian Universität Würzburg, 2006.

[65] M. Delporte: *A phenomenological approach to the prediction of material behaviours during co-sintering.* Dissertation, Julius Maximilians Universität Würzburg, 2009.

[66] M. H. Pahl, H. M. Laun und W. Gleißle: *Praktische Rheologie der Kunststoffe und Elastomere.* Düsseldorf: VDI Verlag, 1995.

[67] H. Buggisch: *Druckverlust bei der Strömung von Suspensionen und Schlämmen.* In: VDI-Wärmeatlas, Berlin, Springer, pp. Lah1-Lah4, 2006.

[68] G. Menges: *Werkstoffkunde Kunststoffe.* München: Carl Hanser Verlag, 2002.

[69] D. Weipert, H. D. Tscheuschner und E. Windhab: *Rheologie von Lebensmitteln.* Hamburg: Behr's Verlag, 1993.

[70] J. Goodwin: *The rheology of dispersions*. In: Colloid science - Specialist periodical reports, Bd. 2, London, The Chem. Soc., 1975.

[71] J. Mewis und A. Spaull: *Rheology of concentrated dispersions*. Advances in Colloid and Interface Science, Bd. 6, pp. 173-200, 1976.

[72] W. Gleißle: *Rheologie hochgefüllter Kunststoffe - Suspensionsrheologie*. In: Hochgefüllte Kunststoffe mit definierten magnetischen, thermischen und elektrischen Eigenschaften, Düsseldorf: Springer VDI Verlag, pp. 108-129, 2002.

[73] N. Ohl: *Die Beschreibung des Fließverhaltens von Suspensionen viskoelastischer Flüssigkeiten bis zu hohen Volumenkonzentrationen*. Dissertation, Universität Karlsruhe, 1991.

[74] B. Hochstein: *Rheologie von Kugel- und Fasersuspensionen in viskoelastischen Matrixflüssigkeiten*. Dissertation, Universität Karlsruhe, 1997.

[75] A. V. Markov: *Rheological behavior of high filled polymers. Influence of fillers*. Materialwissenschaft und Werkstofftechnik, Bd. 39, Nr. 3, pp. 227-233, 2008.

[76] F. Lichtmann: *Fließverhalten von Ferritsuspensionen*. Dissertation, Universität Dortmund, 1992.

[77] E. Uhland: *Modell zur Beschreibung des Fließens wandgleitender Substanzen durch Düsen*. Rheologica Acta, Bd. 15, pp. 30-39, 1976.

[78] M. Mooney: *Explicit Formulas for Slip and Fluidity*. Journal of Rheology, Bd. 2, Nr. 2, pp. 210-222, 1931.

[79] E. Windhab und W. Gleißle: *The Flow Behaviour of Highly Concentrated Suspensions Determined with a New Shear- and Slip Flow Seperating Method*. In: Proc. IX Intl. Congress on Rheology, Mexiko, 1984.

[80] Deutsche Edelstahlwerke GmbH: *Datenblatt X65Cr13 (1.4037)*. URL: http:// www.dew-stahl.com/fileadmin/files/dew-stahl.com/documents/Publikationen/ Werkstoffdatenblaetter/RSH/1.4037_de.pdf [Zugriff am 26.04.2013].

[81] Deutsches Institut für Normung e.V.: *DIN 51045-1: Bestimmung der thermischen Längenänderung fester Körper - Teil 1: Grundlagen*. Berlin: Beuth Verlag, 1995.

[82] W. Schatt, K. P. Wieters und B. Kieback: *Pulvermetallurgie - Technologien und Werkstoffe*. Berlin: Springer Verlag, 2007.

[83] Linseis Messgeräte GmbH: *Dilatometer Bedienungsanleitung TMA PT 160*. Selb.

[84] I. Gräf: *Ion etching - State of the art and perspectives for contrasting the microstructure of ceramic and metallic materials*. Praktische Metallographie, Nr. 35, pp. 235-254, 2008.

[85] L. Jampolski: *Einfluss des Füllgrades und der Partikelgrößenverteilung auf das Fließverhalten von Metallpulverspritzgussmassen und deren Auswirkung auf den 2K-Metallpulverspritzguss*. Diplomarbeit, Karlsruher Institut für Technolgie - Institut für Mechanische Verfahrenstechnik und Mechanik, 2013.

[86] J. Geguzin: *Physik des Sinterns*. Leipzig: VEB Deutscher Verlag für Grundstoffindustrie, 1973.

[87] W. H. Press, B. P. Flannery, S. A. Teukolsky und W. T. Vetterling: *Numerical Recipes - The Art of Scientific Computing*. Cambridge: Cambridge University Press, 1986.

[88] Malvern Instruments: *6 Hinweise, wie die Partikeleigenschaften das rheologische Verhalten ihrer Dispersion beeinflussen*. Inform White Paper, pp. 1-9, 2012.

[89] N. Krasokha: *Einfluss der Sinteratmosphäre auf das Verdichtungsverhalten hochlegierter PM-Stähle*. Dissertation, Ruhr-Universität Bochum, 2012.

[90] R. Oberacker und F. Thümmler: *Produkte der Pulvermetallurgie*. In: Chemische Technik: Prozesse und Produkte, Weinheim: Wiley Verlag, pp. 277-337, 2006.

[91] R. M. German: *Sintering Densification for Powder Mixtures of Varying Distribution Widths*. Acta Metallurgica et Materialia, Bd. 40, Nr. 9, pp. 2085-2089, 1992.

[92] B. R. Patterson und L. A. Benson: *The effect of powder distribution on sintering*. Progress in Powder Metallurgy, Bd. 39, pp. 215-230, 1984.

[93] B. R. Patterson und J. A. Griffin: *Effect of particle size distribution on sintering of tungsten*. Modern Developments in Powder Metallurgy, Bd. 15, pp. 279-288, 1984.

[94] J. M. Ting und R. Y. Lin: *Effect of particle size distribution on sintering. Part II Sintering of alumina.* Journal of Material Science, Bd. 30, pp. 2382-2389, 1995.

[95] L. Gutjahr: *Spritzgießen keramischer Bauteile.* In: Pulvermetallurgie in Wissenschaft und Praxis, Düsseldorf: VDI Verlag, pp. 307-332, 1991.

[96] J. Wieser und F. Kunkel: *Strömungsinduzierte Separation von Partikeln beim Spritzgießen von Formteilen mit Mikrostrukturen.* DKI-Bericht - Abgeschlossene Forschungsvorhaben, Darmstadt, 2009.

[97] M. E. Sotomayor, A. Varez und B. Levenfeld: *Influence of powder particle size distribution on rheological properties of 316 L powder injection moulding feedstocks.* Powder Technology, Bd. 200, pp. 30-36, 2010.

[98] J. H. Song und J. R. G. Evans: *Ultrafine ceramic powder injection moulding: The role of dispersants.* Journal of Rheology, Bd. 40, pp. 131-152, 1996.

[99] B. C. Mutsuddy und R. G. Ford: *Ceramic Injection Molding.* London: Chapman & Hall, 1995.

[100] J. Song: *Experiments, modelling and numerical simulation of the sintering process for metallic or ceramic powders.* Dissertation, Shanghai Jiaotong University, 2007.

[101] E. Roos und K. Maile: *Werkstoffkunde für Ingenieure : Grundlagen, Anwendung, Prüfung.* Berlin: Springer Verlag, 2011.

[102] M.-Y. Chu, M. N. Rahaman, L. C. De Jonghe und R. J. Brook: *Effect of Heating Rate on Sintering and Coarsening.* Journal of the American Ceramic Society, Bd. 74, Nr. 6, pp. 1217-1225, 1991.

[103] T. K. Gupta und R. L. Coble: *Sintering of ZnO: I, Densification and Grain Growth.* Journal of the American Ceramic Society, Bd. 51, Nr. 9, pp. 521-525, 1968.

[104] F. Raether und P. Schulze Horn: *Investigation of sintering mechanisms of alumina using kinetic field and master sintering diagrams.* Journal of the European Ceramic Society, Bd. 29, pp. 2225-2234, 2009.

[105] X. Huang: *Sintering kinetics and properties of highly pure lead zirconate titanate ceramics.* Disseration, Universität Bayreuth, 2009.

[106] K. An und D. Johnson: *The pressure-assisted master sintering surface.* Journal of Materials Science, Bd. 37, pp. 4555-4559, 2002.

[107] F. Länger: *Rheology of Ceramic Bodies.* In: Extrusion in Ceramics, Berlin: Springer Verlag, pp. 141-159, 2009.

[108] A. Göttfert, E.-O. Reher und I. Balagula: *Kapillarrheometer für die Kunststoffverarbeitung - Simulation rheologischer Prozesse.* Kautschuk Gummi Kunststoffe, Bd. 53, Nr. 9, pp. 512-517, 2000.

[109] E.-0. Reher, D. Bothmer und U. Wagenknecht: *Wandgleiten bei der Verarbeitung von Kunststoffen.* Kunststoffe, Bd. 80, Nr. 2, pp. 212-216, 1990.

[110] R. Stribeck: *Die Wesentlichen Eigenschaften der Gleit- und Rollenlager.* Zeitung des Vereins Deutscher Ingenieure, Bd. 46, Nr. 36, 1902.

[111] J. Schumacher und H. Murrenhoff: *Aufbau und Belastung tribologischer Systeme.* In: Umweltverträgliche Tribosysteme, Berlin: Springer Verlag, pp. 17-29, 2010.

[112] W. Michaeli: *Einführung in die Kunststoffverarbeitung.* Münschen: Carl Hanser Verlag, 2006.

Schriftenreihe
des Instituts für Angewandte Materialien

ISSN 2192-9963

Die Bände sind unter www.ksp.kit.edu als PDF frei verfügbar oder
als Druckausgabe bestellbar.

Band 1   Prachai Norajitra
          Divertor Development for a Future Fusion Power Plant. 2011
          ISBN 978-3-86644-738-7

Band 2   Jürgen Prokop
          **Entwicklung von Spritzgießsonderverfahren zur Herstellung
          von Mikrobauteilen durch galvanische Replikation.** 2011
          ISBN 978-3-86644-755-4

Band 3   Theo Fett
          **New contributions to R-curves and bridging stresses –
          Applications of weight functions.** 2012
          ISBN 978-3-86644-836-0

Band 4   Jérôme Acker
          **Einfluss des Alkali/Niob-Verhältnisses und der Kupferdotierung
          auf das Sinterverhalten, die Strukturbildung und die Mikro-
          struktur von bleifreier Piezokeramik $(K_{0,5}Na_{0,5})NbO_3$.** 2012
          ISBN 978-3-86644-867-4

Band 5   Holger Schwaab
          **Nichtlineare Modellierung von Ferroelektrika unter
          Berücksichtigung der elektrischen Leitfähigkeit.** 2012
          ISBN 978-3-86644-869-8

Band 6   Christian Dethloff
          **Modeling of Helium Bubble Nucleation and Growth
          in Neutron Irradiated RAFM Steels.** 2012
          ISBN 978-3-86644-901-5

Band 7   Jens Reiser
          **Duktilisierung von Wolfram. Synthese, Analyse und Charak-
          terisierung von Wolframlaminaten aus Wolframfolie.** 2012
          ISBN 978-3-86644-902-2

Band 8   Andreas Sedlmayr
          **Experimental Investigations of Deformation Pathways
          in Nanowires.** 2012
          ISBN 978-3-86644-905-3

Band 9   Matthias Friedrich Funk
             **Microstructural stability of nanostructured fcc metals during
             cyclic deformation and fatigue.** 2012
             ISBN 978-3-86644-918-3

Band 10   Maximilian Schwenk
             **Entwicklung und Validierung eines numerischen Simulationsmodells
             zur Beschreibung der induktiven Ein- und Zweifrequenzrandschicht-
             härtung am Beispiel von vergütetem 42CrMo4.** 2012
             ISBN 978-3-86644-929-9

Band 11   Matthias Merzkirch
             **Verformungs- und Schädigungsverhalten der verbundstranggepressten,
             federstahldrahtverstärkten Aluminiumlegierung EN AW-6082.** 2012
             ISBN 978-3-86644-933-6

Band 12   Thilo Hammers
             **Wärmebehandlung und Recken von verbundstranggepressten
             Luftfahrtprofilen.** 2013
             ISBN 978-3-86644-947-3

Band 13   Jochen Lohmiller
             **Investigation of deformation mechanisms in nanocrystalline
             metals and alloys by in situ synchrotron X-ray diffraction.** 2013
             ISBN 978-3-86644-962-6

Band 14   Simone Schreijäg
             **Microstructure and Mechanical Behavior of Deep Drawing DC04 Steel
             at Different Length Scales.** 2013
             ISBN 978-3-86644-967-1

Band 15   Zhiming Chen
             Modelling the plastic deformation of iron. 2013
             ISBN 978-3-86644-968-8

Band 16   Abdullah Fatih Çetinel
             **Oberflächendefektausheilung und Festigkeitssteigerung von nieder-
             druckspritzgegossenen Mikrobiegebalken aus Zirkoniumdioxid.** 2013
             ISBN 978-3-86644-976-3

Band 17   Thomas Weber
             **Entwicklung und Optimierung von gradierten Wolfram/
             EUROFER97-Verbindungen für Divertorkomponenten.** 2013
             ISBN 978-3-86644-993-0

Band 18   Melanie Senn
             **Optimale Prozessführung mit merkmalsbasierter
             Zustandsverfolgung.** 2013
             ISBN 978-3-7315-0004-9